Para Esperanza
con un afectuoso
abrazo.
[illegible]
de Paz

EL PODER SANADOR DE LOS CRISTALES

La terapia del alma y la cura del cuerpo

Cristovão Brilho

EL PODER SANADOR DE LOS CRISTALES
Título original: Conheça os Cristales
© CRISTOVÃO BRILHO
Brasil 2000

Bogotá, D.C. - Abril de 2002

ISBN: 958-96896-9-8

Editor : Gustavo Nieto Roa
Editora asistente : Zenaida Pineda R.
Carátula : Centauro Internet
www.centaurointernet.com
Fotografías : Cynthia Nascimento Brito
Arte y diagramación : Marlene B. Zamora C.
Traducción : Walter Freddy Hómez Cruz
Impresión : Quebecor

Made in Colombia

AGRADECIMIENTOS

Me gustaría agradecer a todos los que, de alguna forma, me impulsaron a tomar el camino que hoy recorro. Pero son tantos que, ciertamente, necesitaría de otro libro sólo para citar sus nombres. Por tal razón, creo que es más conveniente agradecerle a la "vida", por hacerme existir en esta época y en este planeta para vivir lo que viví, lo que vivo y lo que viviré, entre esas personas con las cuales estaré eternamente agradecido.

Me gustaría mencionar algunas de las personas que estuvieron relacionadas directamente con la realización de este libro, aquellas que permitieron hacerlo realidad:

Sonia Rosemberg, Heloisa Endres de Oliveira Wunder, Vania Gerk, Ana Luiza Serp, Ricardo Melo Abreu y los alumnos de mis cursos y participantes en las conferencias.

Y no podría dejar de mencionar, agradeciéndoles de manera muy especial por su amor, su sabiduría y su fe a:

Anna Lucia Nuñes Brilho –esposa–; Luciano Nuñes Brilho –hijo– y Pedro Nuñes Brilho –hijo–.

Y que nuestros espíritus se iluminen cada vez más, para que podamos difundir esta luz sin oscurecer el BRILLO INTERIOR

Contenido

PRÓLOGO

Al leer el título de este libro, algunos se preguntarán cómo es posible que los cristales tengan el poder de sanar y de producir otra clase de efectos. No les quedaría la menor duda si el título fuera "El poder comunicador de los teléfonos celulares". Esto, porque están familiarizados con este pequeño aparato que cabe en la palma de la mano y nos permite amplificar y enviar nuestra voz alrededor de la tierra y ser captada por otro similar en cualquier punto.

El teléfono celular contiene componentes sacados de la misma naturaleza, que al combinarlos, lo convierten en una herramienta de comunicación sin la cual ya casi nadie puede vivir. Ese teléfono celular lo único que hace es recibir una vibración, la de la voz, amplificarla y enviarla hasta otro aparato similar de mayor capacidad, que a la vez la retransmite, hasta que llega al destino que tenía en mente su dueño. En ultimas, todo ese andamiaje electrónico lo único que hace es captar y amplificar vibraciones.

El universo vibra a frecuencias distintas de esa única Energía que hace que exista todo cuanto podemos ver, escuchar y sentir. Todo objeto, por sencillo e inútil que parezca, vibra a una determinada frecuencia que hace que nuestros sentidos lo puedan percibir. Esta vibración consta de frecuencias que son asimiladas por el cuerpo humano, haciendo que cada parte del cuerpo físico y emocional del hombre reaccione de determinadas maneras. Los cristales, sabiéndolos utilizar, según el color, consistencia, y volumen, producen una reacción en la vibración del cuerpo, haciendo que éste se estabilice, se armonice y sane.

Nos complace presentar este libro escrito por un autor brasileño, Cristovão Brilho, quien tiene un talento especial para identificar a los cristales, sentir sus propiedades, y saber cómo utilizarlos para sanar a las personas afectadas de un mal. Así como nosotros podemos comunicarnos con los demás, gracias al teléfono, Cristovão Brilho puede hacer lo mismo con seres extraterrestres a través de los cristales. Él utiliza un cuarzo que canaliza la vibración de un espíritu que vive en otras dimensiones y realizar operaciones que a la vista de los mortales son invisibles, y de las cuales no queda señal alguna, excepto la satisfacción del enfermo que ha sido curado. Ese espíritu, al que él llama "Fyeer", ha sido su maestro y es quien actúa para sanar a los enfermos. Fyeer, explica Cristovão, trabaja en la dimensión espiritual. Los resultados de sus operaciones no se ven de inmediato, sino que van apareciendo con el tiempo.

Cuando lo conocí en Río de Janeiro, unas 300 personas hacían fila en espera de que él los pudiera intervenir. Luego, en Miami, en uno de los más sofisticados hoteles de Coral Gables, había unas ciento cincuenta personas de USA y América Latina. Cristovão, en dos minutos, colocaba el cuarzo en la parte afectada, por encima de la ropa, y el paciente podía levantarse e irse.

Entrevisté a mucha gente, y la razón que me daba, era que ellos venían donde Cristovão por referencias de familiares y amigos que él había sanado de esa manera.

Cuando entendemos que todo es vibración, y que esa vibración corresponde a la energía que sostiene al universo, la cual se manifiesta de infinidad de maneras, y que es el hombre quien está en mejor posición para captarla, canalizarla, aprovecharla, y disfrutarla, no me sorprende que algunos puedan hacer verdaderos "milagros" con esas pequeñas piedras de cuarzo.

GUSTAVO NIETO ROA

PRESENTACIÓN

El llamado que vivió Cristovão Brilho fue una atracción fuerte, magnética, violenta, incluso, por el mundo de los cristales, ahora su mundo; un mundo que es puro, simple, claro, magnético, honesto y sin pretensiones. Repentinamente, Saturno –el Señor de los Cristales-, en tránsito planetario, liberó su ternura, abandonó el cristalizado *Bureau* empresarial y se dedicó a servir a los demás, a los niños, al ser humano. Su fuerte ascendiente acuariano esperó el momento de cambio de flujos de una nueva era y, súbitamente, emprendió la más difícil de las tareas: Ser útil a los demás por cuenta propia. Ahora, ofrece al público un libro sencillo, interesante, sin ánimo de lucro o fama. Fruto de su experiencia y de su incesante trabajo con los cristales.

El mundo de las piedras es encantador y fascinante. Lleva a la persona o "buscador", de una etapa de aprendizaje, a un plano científico, a través del descubrimiento de algo que puede relatar la cronología de la Tierra, los eventos, y la historia de la evolución del hombre. El medio ambiente y la piedra interactúan en una impresionante relación.

Muy pronto, el poder metafísico de las piedras envuelve al buscador. Su interés deja de ser científico y se torna parafísico. Ahora quiere descubrir cuál es el origen de los cristales. Desde ese momento, algo envuelve al buscador, una especie de llamado que le impulsa a leer, entender y actuar con estos seres. En metafísica comúnmente se dice: nadie encuentra un cristal, el cristal invoca a la persona para que lo encuentre. Y así es.

Al final se pregunta: ¿cuáles son las razones que llevan a los Cristovãos de todas partes a trabajar y a emplear los cristales? ¿Por qué en este momento hay un mundo tan interesado en la piedra alternativa? El propio Cristovão responde: los cristales son conductores de la energía de la naturaleza. Más adelante, explica que "al establecer una relación con los cristales, las personas podrán mejorar su energía, fuerza y brillo personal". Tal vez por esto hay mucha gente trabajando con los cristales, mucha más de la que lo comercializa. Sólo que los datos estadísticos nunca revelarán el número exacto de esa inmensa mayoría de personas que, en todo el mundo, emplean los cristales con pureza y dignidad.

Este es el objetivo del libro. No tiene pretensión científica ni metafísica, el autor procura que el laico se inicie en los cristales. En algún momento habla, de manera breve y amena, sobre los chacras o centros de energía y del uso de los cristales a través de ellos; cómo llevarlos, cómo lograr la cura en los demás y en uno mismo, como aprovechar su energía, cómo programarlos y cómo utilizarlos cotidianamente.

Aquí está el cristal de Cristovão. Aquellos que puedan leer sus líneas y escudriñar sus entrelíneas, ciertamente formarán una red cristalina de pensamientos en torno al aura magnífica que los iniciados en cristales pretenden formar alrededor de toda la tierra.

Puede que no sea en obras, pero al menos será en pensamiento. Porque el pensamiento es energía. Y el cristal es Luz, Vida y Amor solidificados.

Paulo Duboc

INTRODUCCIÓN

El mundo y las personas pasan por un momento de gran búsqueda, una búsqueda que se realiza, principalmente, en la parte externa. Sin embargo, creo, que la respuesta se encuentra en la parte interna. Pienso que ningún tipo de evolución progresa, (por ejemplo, no progresa la tan aclamada evolución tecnológica), si el HOMBRE no evoluciona. Y el hombre evoluciona cuando permite que le ayuden. Cuando *el mismo* se ayuda. Porque todos, en nuestro interior, tenemos el potencial para hacerlo.

Recuerdo que cuando conocí los cristales, estaba muy confundido con relación a mi vida. No sabía qué hacer. Tenía un excelente cargo profesional, pero no era feliz, me faltaba algo. Y los cristales me ayudaron enormemente. Con esto no quiero decir que los cristales pueden hacerlo solos. Tuve que identificarme con ellos.

Una particularidad de los cristales, a diferencia de otras fuentes de desarrollo personal, es que tienen la capacidad de actuar directamente sobre nuestra energía, incluso promoviendo sanación de orden físico (como consecuencia de una mejoría en la circulación de dicha energía). Creo que los cristales pueden ayudarlo, es más, creo que *deben* ayudarlo porque es la razón de su presencia en este planeta, pero lo importante es que usted crea en sí mismo, que usted crea que *puede*.

Yo, particularmente, me apasioné por los cristales. Me relaciono con ellos sin esperar nada: cuando estoy bien, estoy con ellos; cuando estoy mal, estoy con ellos. No espero que solucionen mis problemas. Su deber es estar bien para comunicarle ese bienestar a ellos. En verdad, cuando creemos en nosotros mismos, en la capacidad que tenemos para cambiar la historia, cuando somos conscientes de nuestra responsabilidad por mejorar el mundo, los cristales se constituyen en un elemento primordial para alcanzar esos objetivos. En el momento en que usted utiliza los cristales, cuando trabaja con la energía que estos poseen, de manera que ella actúe a su favor, usted recibirá beneficios en muchos aspectos. Una de ellos es que adquirirá auto-confianza, usted creerá que *puede*.

Eso fue lo que sucedió conmigo. Abandoné toda actividad para dedicarme a los cristales. Con esto no quiero decir que todo el mundo deba hacer lo mismo. Pero sí afirmo que todo el mundo debe, como mínimo, escuchar o leer sobre todo lo que los cristales pueden hacer por cada uno de los seres humanos.

No escribí este libro para sugerir a las personas que dejen de ejercer sus actividades normales y lleven una vida de energía pura. Como acostumbro a decir, el mundo necesita personas de toda índole: ejecutivos, operarios, artistas, etc., cuando sugiero la utilización de los cristales, lo hago *para todas las personas*, independientemente de sus actividades, de sus propuestas individuales. En realidad, mi objetivo es lograr que esa utilización mejore la calidad de vida, o sea, que todos se vuelvan mejores seres humanos. Lo que importa es que las personas sean felices haciendo lo que quieren, que tengan derecho a elegir o hacer lo que deseen. El patrón actual de vida no nos permite esto. Ahora, si no podemos elegir hacer exactamente lo que deseamos, creo que el uso diario de los cristales nos puede ayudar a mejorar, equilibrándonos, equilibrando nuestra energía.

Me gustaría, para terminar esta introducción, decir una vez más: utilice los cristales. Definitivamente ellos pueden ayudarlo. Créalo.

El cristal equilibra al hombre. El hombre equilibra al planeta.

El planeta Tierra nos necesita. Nosotros, que lo desequilibramos, somos los responsables de volverlo a equilibrar.
El hombre necesita adquirir conciencia de que es el momento de su autoconocimiento: de conocer sus limites, sus intenciones, su verdad mayor.

El hombre necesita tomar conciencia de que el planeta depende de él, y de que no llegaremos a lugar alguno si no emprendemos una caminata que lleve a este conocimiento. Los cristales nos pueden ayudar filtrando la energía y equilibrándonos. Pero es importante nuestra voluntad, porque si no estamos de acuerdo en recibir ayuda, independientemente de donde venga, no sucederá nada. Necesita creer. ¿En quién? En usted, claro está. Vamos a contribuir con el bienestar del mundo donde vivimos: la Tierra que habitamos y por la cual debemos sentir un cariño extremo y mucho respeto, además de tratarla con dignidad.

Este planeta es suyo.
Piense en usted, y
extienda este pensamiento a su planeta.
Él lo aguarda.

Siga lento.

Siga firme.

Siga con claridad.

Siga con convicción.

Siga con respeto y dignidad.

Siga su camino, el camino elegido.

Déjese llevar por la intuición.

De que no necesitará recordar nada.

Será como revivir.

Será como renacer.

Comience esta caminata.

Es larga y bella.

Es hacia su interior.

Usted es HOMBRE.

Usted es fuerte.

Pero es un ser humano, por lo tanto,

usted es ternura,

usted es amor.

Use la energía que tiene a su disposición.

No culpe al mundo.

No se culpe.

Deje que la vida lo lleve, lo conduzca.

El amor existe;

pero, para descubrirlo, "NO PIENSE".

Deje que la vida se lo muestre,

abra su corazón,

Él es su centro,

Él es usted,

Él es suave,

Él es universo,

Él es usted, dentro de usted.

Yo, particularmente, cuando oía hablar sobre espíritus, médiums, etc., quedaba congelado, sudaba frío, mi corazón, por el miedo, parecía querer salir por mi boca. Hoy, con más experiencia, siento claramente y con seguridad que no debo sentir miedo sino respeto por fuerzas que sólo afectan a nuestra memoria, a nuestro conocimiento y que, por encima de todo, nos respetan.

¿De qué tienen miedo?
Estamos aquí para ayudar.
Sigan hacia delante.
Primordialmente no necesitan creer
en nosotros.
Pero, por favor,
crean en ustedes mismos.

Y hoy ejerzo mi espiritualidad.

Empiezo una caminata larga y sin duda alguna gratificante, con la humildad que caracteriza a ellos: a nuestros maestros, llámelos como quiera.

Utilice los cristales, aquellas piedras brutas y bellas, con propósitos e intenciones puras. Establezca con estas formaciones rocosas la relación que podrá llevarlo a lo que tanto necesita y busca.

Los cristales podrán ayudarlo en esta ardua pero hermosa caminata. Una caminata hacia su interior, pero no olvide: a los cristales no puede atribuírseles la propiedad de solucionar problemas. Sus problemas son suyos. Pero si pueden, a través de su función primaria, que es la canalización de energía, contribuir a lograr el equilibrio del flujo energético del hombre, normalizándolo.

Por lo tanto, si el problema es de orden físico, causado por el desgaste diario, podrá ser superado fácilmente porque la energía que usted posee fluirá como Dios determinó. Es sabido que existe la posibilidad de *curarse,* pero para eso tendrá que utilizar los cristales.

"VALE LA PENA PORQUE ES VERDADERO"

Los cristales podrán ayudarlo de formas sencillas.

Intentaré comunicar los principios básicos, y si está dispuesto a establecer una relación con los cristales, ya habrá hecho una aproximación. Podrá observar que las modificaciones le serán mostradas como resultado de la utilización de estas piedras. Estas modificaciones no están registradas en ningún libro. Usted las descubrirá por sí mismo, con la práctica y la intuición.

Esta relación es pura, y no tiene mayor exigencia. Los cristales están ahí: conózcalos, estúdielos y úselos. Son suyos.

LOS CRISTALES SON CONDUCTORES PODEROSOS DE ENERGÍA DE LA NATURALEZA

El uso de los cristales, aquellas formaciones rocosas, hace parte de una antiquísima tradición de la humanidad. En cuanto establecen una relación con ellos, las personas pueden notar una mejoría en el flujo de su energía, se adquiere fuerza y brillo personal.

El poder de los cristales, asociado con su propósito mayor, harán de usted alguien bello y verdadero en su propuesta como ser humano.

En fin, el conocimiento de los cristales llega ahora al mundo, dando objetividad a su uso aplicado a nuestra energía. Brasil es un país que tiene el privilegio de poseer la mayor cantidad de minas de esta poderosa "luz solidificada" que es el cristal.

Las personas ya tienen cristales en todas partes: en bolsos y bolsillos, en gavetas y armarios, en los escritorios, en las mesas; atrayendo protección; en los recipientes de agua (para beberla energizada), debajo de las almohadas, en los carros; los regalan, meditan con ellos, en fin, los han convertido en sus compañeros.

Y realmente hay razón para ello. Los cristales han sido utilizados durante milenios por las civilizaciones griega, romana, egipcia, persa, hindú, china; por indios americanos de piel roja, por sabios del Tíbet, gitanos, chamanes ecuatorianos, hechiceros de Nueva Guinea y Oceanía, por vikingos y fenicios e, incluso por toda la magia occidental. En la actualidad, entre nosotros, se están utilizando como ayuda para el desarrollo espiritual.

En la antigüedad, cuando en el ser humano primaba el sentimiento sobre la lógica y el raciocinio, y los cristales estaban envueltos por el misterio (algo dirigido hacia el espíritu), los hombres los usaban de varias formas, simplemente se dejaban llevar por la intuición. Los utilizaban, por ejemplo, para alejar fantasmas, como protección contra energías negativas, para preservar la salud, etc.

Sencillamente los usaban así:

◊ Bastaba la ubicación de la piedra cerca de la persona enferma.

◊ La piedra se colocaba sobre la zona afectada.

◊ La piedra se pulverizaba y se ingería (esta práctica debe abolirse).

Sencillo, ¿no? Sólo hay que creer.
Usted puede, el ser humano puede.

Existe cierta información básica para establecer una relación entre usted y el cristal, que habla del respeto a la espiritualidad. Sin embargo, uno de los canales de más fácil acceso para el establecimiento de esta relación es el de la intuición. Por lo tanto si su intuición le dice actúe, obedezca. Si al principio se presenta alguna duda, utilice los cristales de acuerdo a la información que suministro a continuación.

¿Cómo distinguir la intuición del raciocinio?

El raciocinio sólo se realiza en la cabeza, la intuición procede de todo el cuerpo, especialmente del corazón.

Cuando se usan los cristales, objetos cuyo mayor atributo es la canalización de la energía, es importante que nos mantengamos energizados para:

1) Mejorar nuestra calidad de vida en todos los aspectos: físico, mental, emocional y espiritual.

2) Si necesitamos modificar la energía de otra persona en un momento determinado. Porque si vamos, en cierta forma, a entrar en la energía de otro, la nuestra necesita estar en su flujo ideal. Sin embargo, si se presentara el caso en el cual usted cree que su energía no está equilibrada, equilíbrela después de ayudar.

Ejemplo: Algún amigo le pide ayuda tan pronto usted llega al trabajo, enojado a causa de un embotellamiento. Ayúdelo, pero, equilíbrese enseguida. Lo importante es: *creer en usted.* Usted podrá siempre, porque siempre existirán energías superiores fluyendo a través suyo.

EJERCICIOS PARA AUTOENERGIZACIÓN

La autoenergización se logra cuando, mediante un acto voluntario, usted permite que la energía cósmica purifique su energía, cuando ésta absorbe propósitos que no son compatibles con los suyos.

Y el escudo que protege su interior está por fuera.

El ejercicio permite que usted purifique su energía, sintonizándola con el cosmos, o sea, sintonizando su flujo energético con las energías superiores, logrando el equilibrio.

Los ejercicios pueden hacerse así:

- Adopte una posición en la que se sienta más cómodo y seguro.
- Comience respirando de forma consciente durante aproximadamente 1 minuto; esto permitirá que la energía fluya en su interior.
- En seguida, transforme su pensamiento en sentimiento (con la práctica, será cada vez más sencillo y cómodo).
- Después de sentirse a sí mismo, visualice y sienta un color. Este será el color que usará en el ejercicio de la auto-energización a través de su cuerpo (El color podrá cambiar en cualquier momento).

- Friccione las manos una contra la otra y ábralas en dirección al cielo, al infinito (sentirá un hormigueo, un calentamiento. Es la energía).

- Visualice el color y siéntalo entrar a través de sus manos, pasando por sus brazos y alcanzando su cabeza (razón). Haga esto lentamente. (Ver figura 1 en la página 27).

- En seguida repita la fricción de sus manos, ábralas como en el primer ejercicio y nuevamente permita que la luz entre por lo alto de su cabeza y descienda por todo su cuerpo (emoción), hasta salir por la planta de sus pies, dirigiéndose hacia el centro del planeta.

Este ejercicio lo llevará a unirse con usted mismo: razón y emoción.

Usted podrá detener la luz en algún punto de su cuerpo que esté debilitado. (Ver figura 2 en la página 28).

Sea consciente de usted, de su poder como ser humano; de su poder de amar, de querer el bien, pero nunca desee interferir en la vida de los demás. Busque el equilibrio, viva su vida, sienta compasión por los demás, pero sea consciente: usted nunca podrá vivir la vida de otra persona. Cuando tenga que ayudar a alguien, sea consciente de que la energía es cósmica, por lo tanto no es suya; y algo debe quedar claro: usted necesita permitir que ella se aproxime; de lo contrario, no sucederá nada.

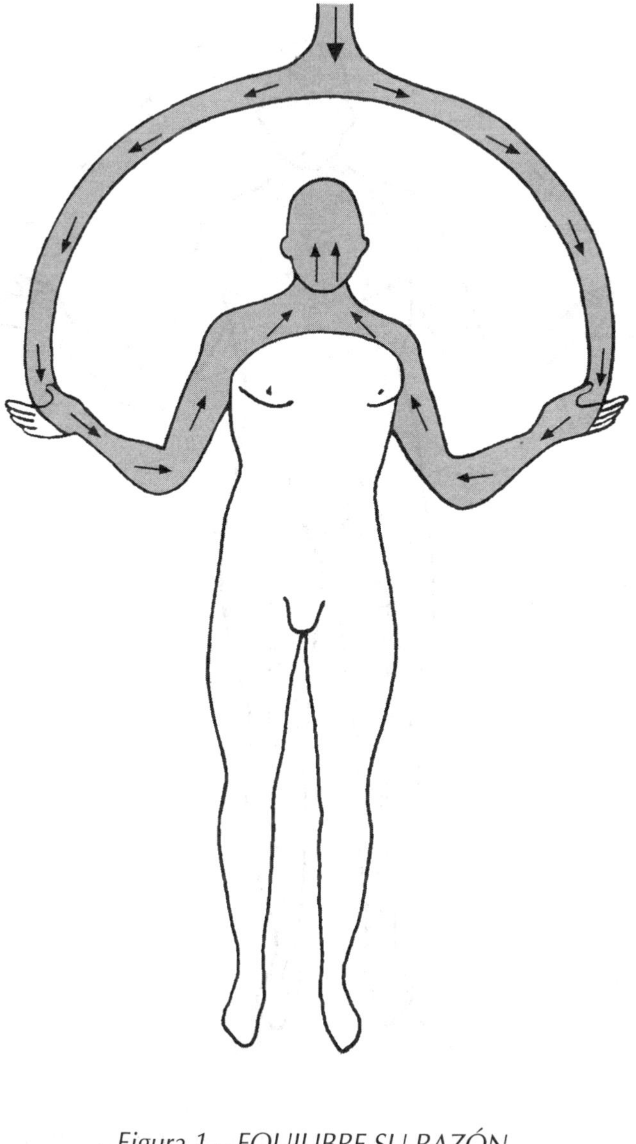

Figura 1 – EQUILIBRE SU RAZÓN

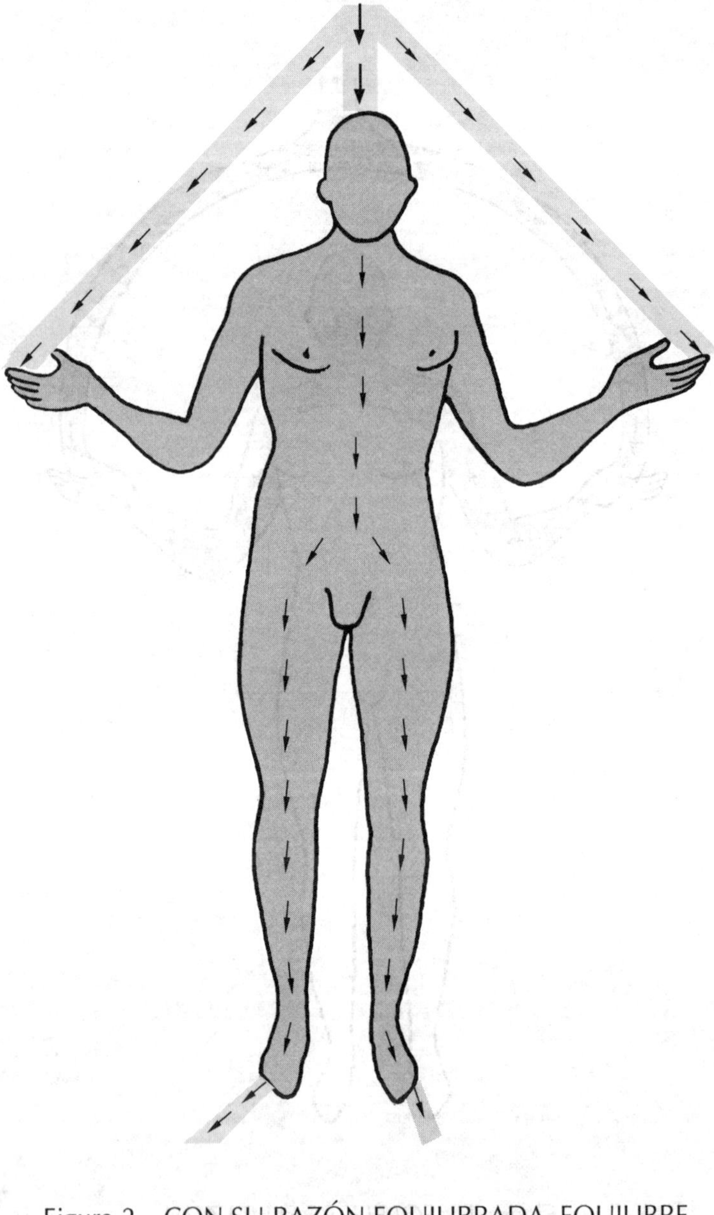

Figura 2 – CON SU RAZÓN EQUILIBRADA, EQUILIBRE SUS EMOCIONES Y ÚNALAS

EL HOMBRE EJERCE LIBRE ALBEDRÍO SOBRE SU PROPIA VIDA

Usted necesita querer, permitir, para que haya un encuentro entre los propósitos. Nada es imposible. En este caso el propósito es mayor, sólo que el propósito verdadero es sentimiento –es necesario sentir para que sea real–. Permítase sentir y verá lo grande que es por fuera y –más importante– por dentro, allí está guardado su mayor patrimonio, que es su historia, su propuesta, su principal objetivo. Es lo que usted realmente es, y no *quien* usted es, eso ya lo sabe. Su interior es como la caja negra de los aviones: cuando la aeronave se accidenta la buscan durante varios días. Hasta cuando la encuentran y la abren, su contenido es desconocido. Ahí está usted, en frente, y ahora?

Nunca se preocupe por donar energía. Ella es cósmica, infinita. Si existe una intención pura, verdadera, estará a disposición. Úsela.

Y esta intención está dentro de cada uno, no es como la receta de un pastel.

"Si usted quiere, usted puede.

Si usted es, usted es.

Sienta y diga:

Sentir no es diferente a pensar.

Entonces, sienta".

NOCIONES PRIMARIAS SOBRE CUERPO - CHACRA - AURA

Con el propósito de transmitirle las nociones básicas sobre las maneras de utilizar de los cristales, no podría dejar de hablar sobre el cuerpo humano, los chacras y el aura, lugares donde los cristales actúan en principio. A partir del primer contacto con estas formaciones rocosas, usted se abrirá para recibir las respuestas que surgen en la relación que se establece entre usted y el cristal.

El Cuerpo Humano

Es lamentable, pero dado el nivel actual de calidad de vida en la Tierra, el cuerpo físico sólo es el compartimiento donde guardamos nuestros asuntos mal resueltos.

Sometido por los órganos que lo conforman, pues son estos los que se desgastan en busca de una "señal", advirtiendo que, por ejemplo, su dolor de cabeza puede no ser originado por su cabeza, que su intestino no funciona, que su respiración no es plena.

En fin...el cuerpo necesita ayuda. Vamos, a través de los cristales, a llevar información en forma de energía a este cuerpo, de modo que se logre restablecer un equilibrio. Y ahí...estaremos listos para iniciar una mejor calidad de vida.

Chacra

Llegamos a este equilibrio a través de los chacras. ¿Qué son los chacras? Son importantes transmisoores, que permiten la nutrición energética del cuerpo físico. Son puntos de distribución que, funcionando como reguladores, nos permiten revigorizar nuestras energías, con "responsabilidad" tanto física como emocional y espiritualmente.

Existen varios chacras, pero siete de ellos le darán una condición plena para el equilibrio que se busca.

Aura

Finalmente tenemos el aura, que podríamos definir como "El campo magnético que envuelve nuestro cuerpo físico". Puede trabajarse mediante el uso de los cristales, buscando su equilibrio pleno. El Aura se manifiesta a través de radiación o color, variación que está relacionada directamente con la salud física, mental, emocional y espiritual.

Como dije antes, mi propósito primordial es el de trasmitir una información básica. La utilización de los cristales está ligada a diversas técnicas, pero sé con absoluta seguridad que, si el ser humano no está dispuesto a recibir ayuda, no progresará: ninguna técnica le servirá.

Es importante que el hombre decida sobre el curso de su vida.

Y para llegar a estas técnicas –para profundizar en cualquiera de ellas, en la que sea buena para nuestro conocimiento y, consecuentemente, para nuestro crecimiento–, lo más importante es que usted, como primera medida, se sumerja en su interior, llegue a usted, pregúntese, siéntase, respétese y, con seguridad, las respuestas llegarán.

Usted lo puede todo, sólo requiere saber qué es lo que quiere y qué es lo que necesita. El hombre necesita muy poco para ser feliz, pero, sin saberlo, pide de todo. Y, al recibir de todo, no sabe qué hacer.

Tenga paciencia y humildad. "Usted puede".

EL SEXO DE LOS CRISTALES

Como en cualquier relación, es fundamental que las partes involucradas se conozcan. Entonces, a manera de presentación, le contaré todo lo que se necesita saber sobre cómo utilizar los cristales, dónde, cuándo, por qué.

¿Sabía usted que los cristales tienen sexo o género?

Esta característica será identificada en el cuarzo blanco, en la formación bruta.

El cristal masculino, responsable de la emisión de energía, puede identificarse por un corte en forma rectangular -que no llega a ser un rectángulo perfecto- en un extremo e inclinado hacia el lado derecho.

El femenino es responsable de la absorción de energía, presenta un corte con el mismo aspecto, pero inclinado hacia el lado izquierdo.

El andrógino sustituye cualquiera de los sexos, y puede cumplir una función doble, se puede identificar por dos cortes -uno hacia el lado derecho y el otro hacia el izquierdo, o por un corte en forma de rombo.

Al sentir que establecemos con los cristales una relación de profundo respeto, dignidad y amor – una relación absolutamente verdadera-, debemos conocer sus sentimientos y sus propósitos, para entender su lenguaje e identificar sus mensajes; al menos los más importantes.

Existen cristales de varias clases, formas y tamaños, pero el propósito, el sentido de la existencia de esas formaciones rocosas, es independiente de cualquier diferenciación física entre ellas. El objetivo siempre será el mismo: pureza y verdad.

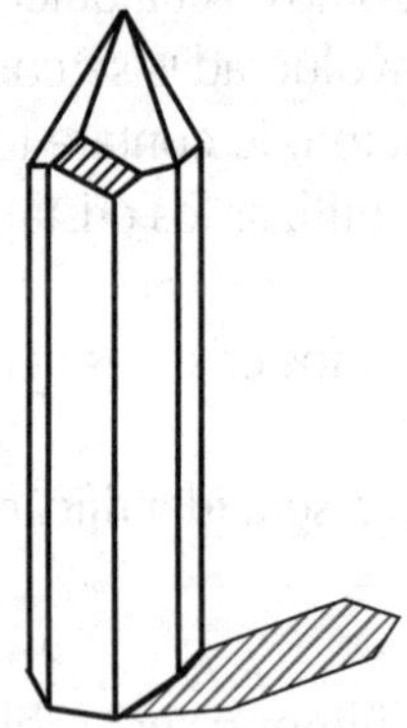

Figura 3B – FEMENINO

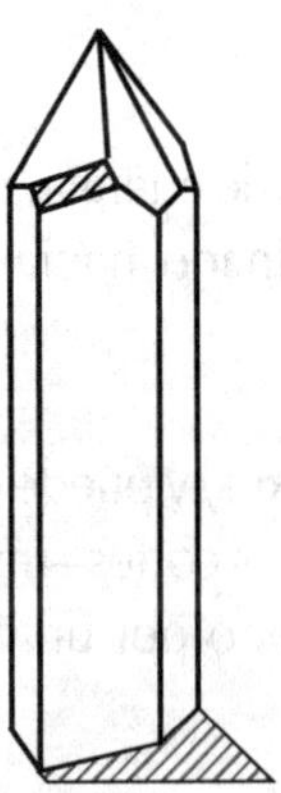

Figura 3A – MASCULINO

Figura 3C – ANDRÓGINO

CONVERSE CON LOS CRISTALES

Conozca las formas de los cristales y algunos de sus propósitos. Y establezca las relaciones, teniendo experiencias completamente nuevas. Observe:

Cristal Blanco – Es el cristal de uso más común, sólo tiene uno de sus extremos en forma piramidal (una punta). Se puede utilizar en cualquier momento y para todo fin.

Cristal Biterminado – Es un cristal blanco con dos extremos en forma piramidal (dos puntas). Este cristal es muy eficaz en lo que tiene que ver con la interrelación entre chacras y personas, o sea, desplazando la energía en ambos sentidos.

Cristal Fantasma – No podría llamarse de otra forma, pues trae en su interior una sombra, una especie de diseño que simboliza la sabiduría (úselo para meditar). Las respuestas a sus preguntas cambiarán.

Cristal Aglomerado – Es un bloque de cristales con varias puntas semejando una corona. Ideal para usarlo como protector del ambiente.

Cristal Arco iris – Es un cristal que posee la gracia de tener en su interior los colores del arco iris, como si estuvieran prisioneros.

Esta característica es clara, existe para ser compartida con usted, sólo se utiliza para activar el plano astral.

Cristal Compañero – Será o serán los cristales que usted elija. Lo acompañara siempre, listo para participar integramente de su vida en todos los niveles. Es el amigo verdadero, sin pretensiones, sin dudas, lo protegerá como un amigo leal, integro.

Cristal Profesor – Es aquel que aparece y desaparece de repente, entra y sale de nuestra vida, y en ambos casos nos indica que debemos estar atentos: algo de lo que hemos aprendido sucederá.

Cristal que se Quiebra – Cuando un cristal se quiebra es porque captó y absorbió un tipo de energía no compatible con la suya (negativa), y dependiendo del tipo de incompatibilidad se quebrará poco o mucho. En este caso, deberá devolverse a la naturaleza. Lávelo en el mar o en un río, etc, para que tenga la oportunidad de, luego de cumplir su función con usted, restablecerse y, quién sabe, proteger a otra persona.

Cristal que Cae – Nos advierte sobre algo que sucederá. Afínese con su cristal y entienda su lenguaje. Es simple, hágalo.

LA LOCALIZACIÓN DE LOS CHACRAS, SU RESPONSABILIDAD FÍSICA, EMOCIONAL Y ESPIRITUAL, Y LOS COLORES CORRESPONDIENTES

1er CHACRA

- Se localiza un poco encima de los órganos genitales, sobre el pubis.
- Es el chacra de la producción, de la concretización.
- Es responsable de la energía del cuerpo físico.
- Los colores relacionados con este chacra son el rojo, el negro y el humo.
- El rojo podrá ayudarlo en los casos de anemia, problemas de circulación sanguínea, miedo, presión baja, ausencia de menstruación, falta de energía, impotencia.
- El humo y el negro podrán ayudarlo en los casos de envidia, problemas de hígado, limpieza de ambientes, angustia.
- El rojo debe usarse siempre que se trate de estimulación; mientras que el negro y el humo son colores de protección y corresponden a la Tierra, nuestra raíz.

USAR: GRANATE ROJO
TURMALINA NEGRA
CUARZO HUMO

2º CHACRA

- Se localiza ligeramente abajo del ombligo.
- Es el chacra de la emoción, del deseo y de la creatividad.
- Es responsable de nuestra capacidad de "dar".
- El color relacionado con este chacra es el naranja.
- Podrá ayudarlo en los casos de timidez, bloqueos emocionales, baja autoestima, presión en el vientre, problemas renales.

USAR: CALCITA NARANJA

3er CHACRA

- Se localiza en el estómago, un poco abajo del esternón.
- Es el chacra de la conciencia de lo que se es y lo que se quiere, también de la autorealización y la alegría de vivir.
- Es responsable de nuestro poder personal, de nuestro éxito.
- El color relacionado con este chacra es el amarillo.
- Podrá ayudarlo en casos de gases, mal funcionamiento digestivo, depresión, tristeza, problemas respiratorios, falta de auto-confianza, cansancio mental.

USAR: CITRINO
TOPACIO

4º CHACRA

- Se localiza en la zona media del pecho.
- Es el chacra del amor, de la capacidad de amar y de sentirse amado, del corazón.
- Es responsable del amor propio y, en consecuencia, de la posibilidad de amar a los demás.
- Los colores relacionados con este chacra son el rosa y el verde.
- El color rosa podrá ayudarlo en los casos de falta de armonía, de tensión, de presión alta. Este color está ligado más directamente con la desarmonía de orden emocional, y el verde está ligado más directamente con problemas de orden físico.

USAR: CUARZO ROSA – CUARZO VERDE
ESMERALDA – TURMALINA VERDE

5º CHACRA

- Se localiza en la garganta.
- Es el chacra de la comunicación, de la capacidad de expresar lo que ordena el sentimiento.

- Es responsable de todo lo que no enunciamos verbalmente en nuestra vida.

- El color relacionado con este chacra es el azul.

- Podrá ayudarlo en problemas de nervios, de garganta, de tiroides, de inflamaciones, de hemorroides, de infección vaginal, de fiebre y problemas de oído.

USAR: AZURITA
SODALITA

6º CHACRA

- Se localiza entre las cejas – Tercer Ojo.

- Es el chacra de la visión espiritual.

- Es responsable de la liberación de los canales de contacto con el cosmos, pues permite la sintonización del ser humano con el ser superior, al desarrollar la capacidad de "VER";

- Los colores relacionados con este chacra son el violeta, el azul y el blanco.

- Podrá ayudarlo en los casos de dolores, materialismo excesivo, cansancio psíquico.

USAR: AMATISTA – FLUORINA
CIANITA – AGUA MARINA

7º CHACRA

- Se localiza en la parte superior de la cabeza, en la fontanela o "mollera".

- Es el chacra de la transparencia, de la plenitud.

- Es responsable de la realización plena y absoluta, cuando el contacto con el nivel astral se vuelve límpido y directo.

- Los colores relacionados con este chacra son el violeta, el blanco y el dorado.

- Podrá ayudarlo en los casos de miedo a la muerte, tensiones, incapacidad de asumir la existencia como seres humanos.

USAR: AMATISTA – CUARZO BLANCO

CHACRAS DE LOS PIES

- Se localizan en la planta de los pies.

- Son los chacras de la base, de la tierra.

- Son responsables de mantenernos en contacto con nuestra condición de seres humanos.

- Los colores relacionados con estos chacras son el negro y el humo.

- Podrán ayudarlo en los casos de inseguridad, falta de apoyo.

CHACRAS DE LAS MANOS

- Se localizan en la palma de las manos.

- Son los chacras de la utilización energética como canal o instrumento.

- Son responsables de la capacidad de equilibrar la energía, de la capacidad de absorberla o liberarla, dependiendo de la necesidad.

- El color está relacionado con su propósito. Sin embargo, se aconseja el blanco, por tratarse de un color polivalente, así como el verde y el amatista cuando el propósito es curar.

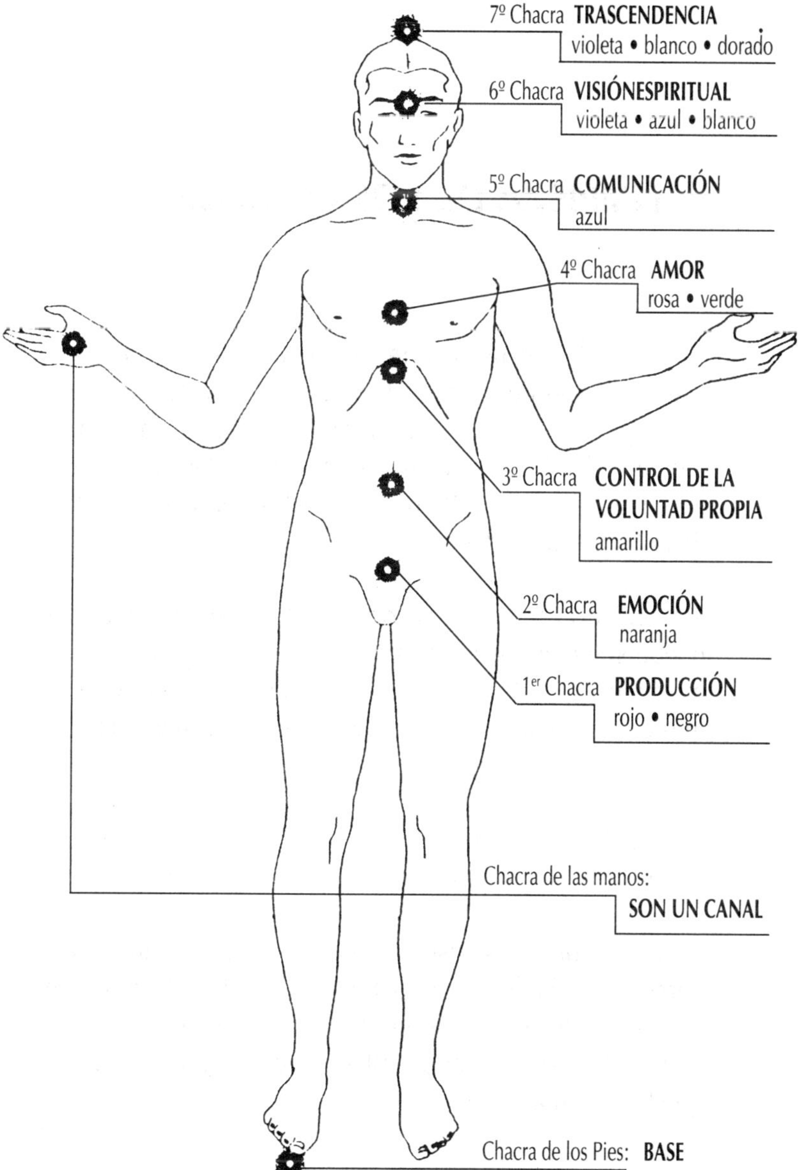

Figura 4 – CONÓZCASE

LIMPIEZA DE LOS CRISTALES

En vista de que los cristales son poderosos canalizadores de energía, deberán –siempre que se altere su intuición– llevarse a un proceso de limpieza, con el objetivo de librarlos de las energías acumuladas hasta ese momento y, enseguida, reabastecerlos con energía pura. Para tal efecto se debe:

- Sumergir el cristal en agua con sal. Si tiene más de un cristal puede sumergirlos en el mismo recipiente –no puede ser metálico– durante tres días y tres noches, a no ser que su intuición le indique otra cosa. En este caso, el tiempo no se ciñe a regla alguna.

- Después de ese tiempo, retírelos y vierta el líquido del recipiente en agua corriente (río o arroyo), lave los cristales.

- Luego, exponga los cristales a las fuerzas de la naturaleza, como el sol, la lluvia, la noche etc, durante el tiempo que juzgue necesario. Sus cristales estarán nuevamente preparados para ayudarlo a usted, o a quien usted considere que lo necesita.

LOCALICE LOS BLOQUEOS DE ENERGÍA

Una vez que los cristales estén energizados y la relación entre usted y ellos establecida (algo que será más fácil a medida que se conocen, respetan y confían mutuamente), ustedes podrán –siempre juntos– localizar y, cada vez, con mayor claridad y limpidez, llegar a determinar qué bloqueo energético manifiesta el cuerpo físico.

¿Cómo localizar esos bloqueos?

- Friccione las manos una contra la otra para activar de esta forma los chacras de las manos.

- Coloque la base de un cristal de una punta en contacto con el chacra de la mano derecha o izquierda.

- Pase el cristal lentamente a una distancia de unos tres centímetros de los chacras e identifique los puntos más calientes (exceso de energía) y más fríos (falta de energía).

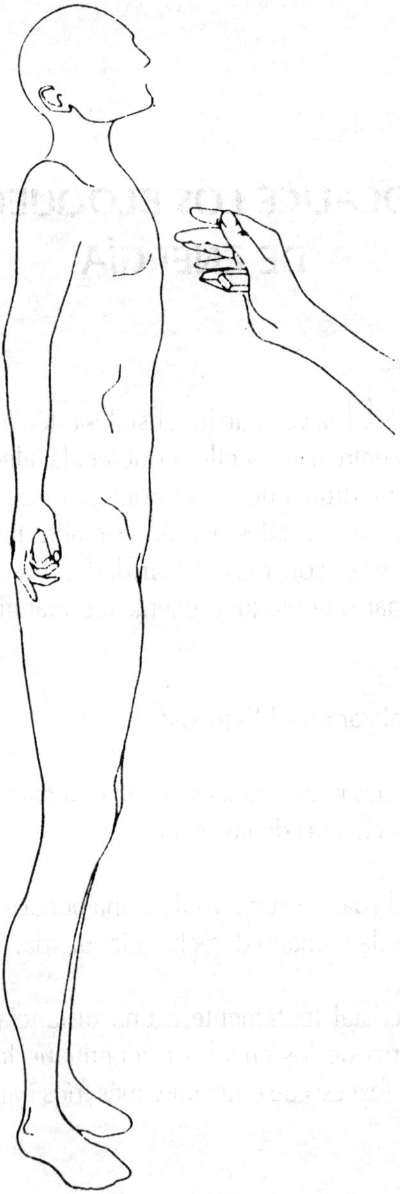

Fligura 5 – LOCALICE LOS BLOQUEOS DE ENERGÍA

- Este proceso podrá efectuarse utilizando sólo los chacras de las manos. De esta forma, identificará los puntos que necesitan ser equilibrados.

¿Cómo hacerlo?

a) Con los chacras de las manos usted podrá ordenar mentalmente, que los puntos donde falta energía (fríos) sean abastecidos, y que los puntos más calientes liberen energía. Dispersando el exceso en esos puntos, la energía podrá llevarse hacia los puntos más fríos.

b) Posicionando el cristal como se explicó para identificar los puntos (respetando incluso la misma distancia), haga movimientos circulares con la mano sobre el punto en cuestión, en el sentido de las manecillas del reloj y el cristal, como equilibrador energético, se encargará de distribuir la energía.

Cuando se trabaja la energía de las personas, las manos de quien aplica la energización posiblemente presentarán sudoración.

Lo ideal es que lave sus manos antes y después de la energización.

MPORTANTE: Si siente deseos de tocar el cuerpo de la persona que recibe la energización, no titubee. Hágalo con "respeto espiritual".

¿Y qué puede ocurrir con la persona que está recibiendo la energización?

- Deseos de llorar. Deje que la persona llore todo lo que quiera, para que el ciclo de este sentimiento se complete.

- Ganas de dormir, en consecuencia del intercambio de energía (más detalles a continuación).

- Manifestación intestinal (diarrea), el mismo día o a los tres días, en promedio, después de la energización.

- Dolor en el punto trabajado. En este caso no insista, los cristales deben aplicarse todas las veces que sea necesario hasta que se normalice el flujo energético.

Además, si se puede equilibrar la energía, conforme lo explicamos anteriormente, también se pueden alinear de una vez los chacras. Colocando sobre cada uno el cristal correspondiente, se mantienen en funcionamiento pleno logrando el equilibrio de los chacras con el cosmos y viceversa.

El intercambio de energía al que nos referimos anteriormente tan sólo se trata del retiro de toda la energía del cuerpo físico para recolectar energía nueva, acción que normalmente provoca sueño, aturdimiento e incluso un leve malestar. Pero no debe preocuparse: siempre debe mantener informada a la persona de que estas manifestaciones son normales, para que ella conserve la calma, pues la sensación de mareo, y el sudor, son pasajeros.

Lo ideal es que la persona duerma unos 20 minutos para que cuando despierte sienta que por su cuerpo realmente circula una nueva energía. Es importante aclarar que, en caso de que no sea posible dormir en el momento, debe advertirse que la energía antigua sólo se dispersará hasta que la persona tenga la oportunidad de estar en un lugar donde pueda descansar.

Para esto basta que usted le coloque el chacra de una de sus manos en el centro de la frente, con los dedos apuntando hacia lo alto, y el chacra de la otra mano detrás de la cabeza, a la misma altura y en el mismo sentido, y ordene a la energía que permanezca el tiempo necesario.

Crea en esto, usted puede, usted debe. Sus problemas serán acordes a su tamaño, pero sea siempre consciente de que no es usted: son las energías superiores a través de usted y con su autorización.

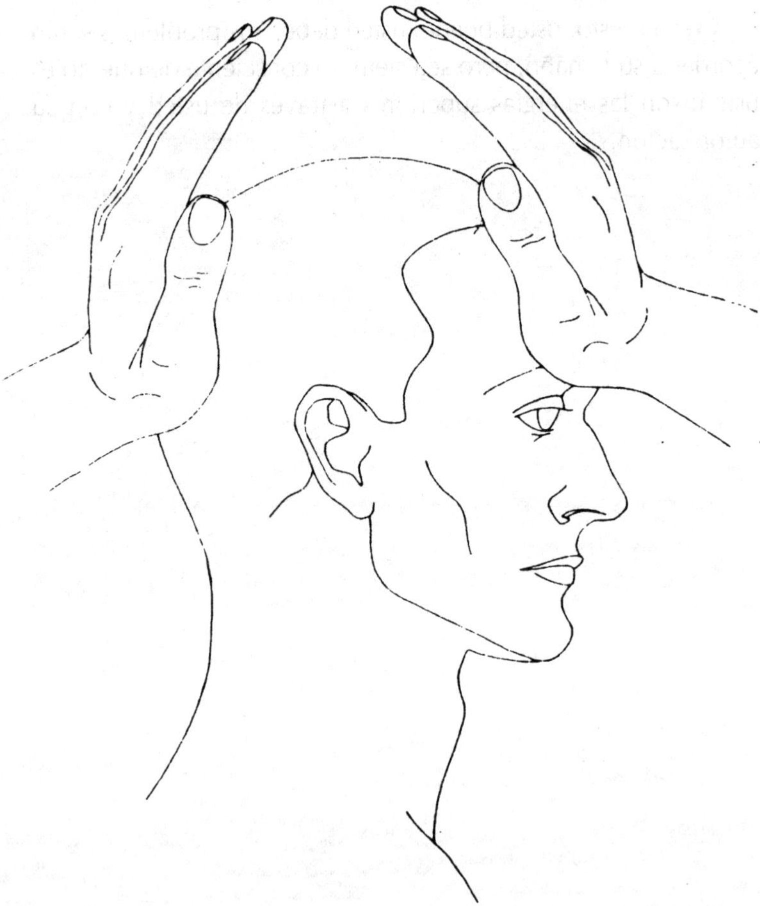

Figura 6 – "...COLOQUE EL CHACRA DE UNA DE LAS MANOS EN EL CENTRO DE LA FRENTE...".

PROGRAME EL CRISTAL

Otra forma de utilizar la capacidad del cristal como canalizador poderoso de energía es *programándolo,* para que a través de su programación –que no es nada más que hacer brotar en toda su esencia, nuestro más puro y verdadero propósito y sentimiento-, para que las energías cósmicas trabajen a nuestro favor, aumentando las posibilidades de alcanzar nuestros objetivos.

El cristal más indicado para ser programado es el cuarzo blanco.

En realidad, a medida que nos relacionamos con el cristal, este comienza a conocer nuestras verdaderas necesidades, y trabaja a partir del conocimiento profundo que se origina en este intercambio de energía, de manera que podamos vivir mejor. Sin embargo, existe una forma más específica de programar el cristal, que también nos hace alcanzar algo más específico.

La programación específica debe efectuarse siempre con la más pura y límpida energía, pues, si le proyectamos al cristal una energía que no tiene un objetivo de alcance real, siempre procurando lo mejor, esta energía nos será devuelta. Por eso, sólo programe específicamente un cristal, si existe una necesidad real.

Por ejemplo, si se tiene el propósito de pedir ayuda para alguien que está enfermo, proceda de la siguiente forma:

- Realice los ejercicios de autoenergización y limpieza de su energía en un ambiente reservado y silencioso, de manera que se sienta seguro.

- Eleve el cristal a ser programado a la altura del tercer ojo.

- Procure visualizar mentalmente las escenas de su propósito con la mayor riqueza de detalles. Visualícelas por lo menos tres veces.

- Cuando las escenas sean claras y compatibles con su propósito, proyéctelas hacia el interior del cristal, a través de una orden energética que parte de su tercer ojo hacia el centro del cristal.

A partir de este momento el cristal programado estará, todo el tiempo, emitiendo energía de forma que su propósito sea alcanzado dentro de las posibilidades reales; y no lo olvide: no se puede hacer nada si, en el caso de la programación para otra persona, existe el propósito de evitar que ella viva experiencias, sentimientos etc., que ya le estaban reservados en beneficio de su propio crecimiento.

Tan pronto es alcanzado el propósito, usted puede desprogramar el cristal de la siguiente forma:

- Realice los ejercicios de auto-energización y limpieza de su energía.

- Tome el cristal programado y déjelo en agua común y corriente durante el tiempo que considere necesario. Podrá reutilizarse a partir del momento en que usted lo reabastezca, colocándolo en contacto con la naturaleza, conforme se explicó antes. Si usted lo desea y puede, podrá entregarle el cristal programado a la persona cuyo propósito usted quería alcanzar.

También podrá, en caso de que desee ayudar a alguna persona que esté lejos, utilizar el cristal de la siguiente forma:

- Escriba en un pedazo de papel su propósito y el nombre de la persona a quien desea ayudar.

- Coloque sobre el papel el cristal que desee utilizar o el que esté relacionado directamente con la causa de su pedido.

- Cuando crea que alcanzó su propósito, queme el papel o arrójelo en el mar o en un río, y la propia naturaleza se encargará de deshacer el propósito.

- Use el cristal sobre la fotografía de la persona a quien se quiere ayudar.

- Es importante que usted no abandone esos pedidos. Con el tiempo, póngase frente a ellos y repítalos como mejor crea.

- Deje dichos pedidos en un lugar agradable, preferiblemente en contacto con la naturaleza. Si no fuese posible un contacto de forma continua, trate de conseguirlo por lo menos durante una parte del día. No importa que sea un tiempo corto, es importante.

IMPORTANTE: Use un cristal para cada programación. Siempre que esté deseando el bien, de manera verdadera, permita que su poder interior lo ayude y, en este caso, use la forma que fuese posible en el momento:

1 – El cristal.
2 – El sentimiento.
3 – La Palabra.
4 – El propósito, por último.

Lo importante es que:

"Usted puede.
Usted es grande.
Usted sólo necesita procurarse esta oportunidad".

USE LOS CRISTALES EN SU RUTINA DIARIA

Existen formas específicas para el uso de los cristales, formas que usted puede aplicar en su rutina diaria:

- Mantenga en un recipiente con agua el cristal del color relacionado con el problema que se quiere tratar directamente. Ese recipiente deberá estar expuesto al ambiente natural (ventana, balcón etc.), y el agua debe beberse en el plazo que le dicte su intuición;

- Para meditar y lograr el mayor estado de relajación posible, asegure el cristal, manténgalo cerca del cuerpo o colóquelo sobre cada chacra, o los chacras que usted considere. En ese caso, la respiración es muy importante. Y no se preocupe si el nivel de relajación alcanzado en los primeros días no es satisfactorio: la práctica diaria le dará habilidad. No hay disculpa para no hacerlo: para comenzar, 15 minutos al día son excelentes, usted se lo merece.

Y ahora que usted ya fue presentado a los cristales, que los conoce y sabe cómo tratarlos para hacerlos más felices, permita que ellos hagan lo mismo por usted.

¿Es usted feliz?

Responda sin pensar, sólo responda lo que siente,

¿El hombre es feliz?

No responda por él, pregúntele.

No le deje a los demás lo que usted podría hacer.

Si no puede actuar, deje fluir.

Así, por insignificante que pueda parecer, será suficiente. Por lo menos mientras tanto.

"Mientras tanto" es poco tiempo:

Fluya.

VERDAD PERSONAL
VERDAD MAYOR

Mi propósito principal al escribir este libro es trasmitirle a las personas la información de que si ellas, seres humanos, no permiten que se les ayude, nada, ninguna fuerza, podrá ayudarles.

El hombre necesita definitivamente creer en sí mismo. Su mayor capacidad está en su interior, dentro de usted.

Todos poseemos y disponemos de nuestros *espíritus* y, si esto es verdad, al principio nos reportaremos a ellos; y después, quién sabe...

Ejercer nuestra espiritualidad consiste en relacionarnos con los espíritus (energías superiores, Yo Superior, Yo Interior, en fin). Lo importante es creer, tener fe.

Usted puede, con ellos, mucho más. ¿Quiénes son ellos? Los espíritus, está claro (a pesar de que mucha gente evita esa palabra, yo los llamo cariñosamente así).

Por lo menos, según recuerdo cuando se hablaba de algún *médium* o *espiritista*, las personas caminaban distancias en sentido contrario (salvo excepciones); o cuando alguien recomendaba un *médium,* las personas lo buscaban para preguntarle sobre el futuro; o recurrían a este encuentro cuando consideraban que no había otro recurso, cuando ya habían intentado de todo. Decían: "No soporto más. ¿Usted conoce algún médium o espiritista? Necesito ayuda espiritual".

Sí. El tiempo fue pasando y se creó un nombre nuevo: *espiritualista.* Todos somos espiritualistas, conozco gran cantidad. Entonces, si es así, aprovechemos todos, como espiritualistas, esta oportunidad y busquemos en nuestros propios espíritus las respuestas, porque ellas están dentro de nosotros. Necesitamos abrirnos, no para que entren (las respuestas), sino para que salgan.

Seamos espiritualistas.

Evolucionemos como seres humanos.

Creamos en el prójimo.

Equilibremos el planeta, pero nada de esto será posible si no creemos en nosotros mismos.

Usted es la figura más importante de este propósito.

Conózcase por dentro y consecuentemente se conocerá por fuera.

El hombre es fuerte, el hombre es poderoso, pero...

Nosotros creemos en los seres humanos.

GUÍA PARA EL CONOCIMIENTO DEL CRISTAL – LAS PROPIEDADES TRANSFORMACIONALES DE LAS GEMAS Y MINERALES

Ágata – Una variación de la calcedonia. Tonifica y fortalece el cuerpo y la mente. Da una sensación de fuerza y valor. Facilita la habilidad de discernir la verdad y aceptar las circunstancias. Es terrena, pero energética. Es un curador poderoso. Trabaja con los chacras y actitudes de acuerdo al color de la piedra.

Agua marina – Una variación del berilo. Calma los nervios. Reduce la retención de líquidos. Fortalece los riñones, el hígado, el bazo y la tiroides. Purifica el cuerpo. Aumenta la claridad mental y la autoexpresión creativa. Proporciona equilibrio físico, emocional y mental. Ayuda a vencer miedos y fobias. Es excelente para la meditación. Para la inspiración, la paz, la calma y el amor.

Chacras: Garganta, Plexo solar.

Alejandrita – Una variación del crisoberilo. Aumenta la regeneración interna y externa. Ejerce influencia positiva sobre el sistema nervioso, el bazo y el páncreas. Aumenta el alineamiento de los cuerpos mental y emocional así como la transformación y regeneración espiritual.

Proporciona potenciales altos para el desdoblamiento, la alegría y la unificación con la vida.

Chacra: Corona

Amazonita – Una variación del feldespato. Calma el sistema nervioso. Fortalece el corazón y el cuerpo físico. Aumenta el alineamiento del cuerpo mental y etéreo. Trae alegría y perfeccionamiento, expresión creativa. Facilita una visión más clara de las tendencias autodestructivas, facilitando su liberación.

Chacra: Garganta

Ámbar – Resina fosilizada de pinos prehistóricos. Ejerce influencia positiva sobre el sistema endocrino. Eléctricamente vivo en luz dorada solidificada. Estabiliza el despertar del *Kundalini*. Activa la naturaleza altruista. Espiritualiza el intelecto.

Chacras: Ombligo, Plexo Solar, Corona

Amatista – Una variación del cuarzo. Fortalece los sistemas endocrino e inmunológico. Aumenta la actividad del lóbulo derecho del cerebro y de las glándulas pituitaria y pineal. Poderoso purificador y energizador de la sangre. Ayuda en los desordenes mentales, en la purificación y regeneración en todos los niveles de la conciencia. Cambia la naturaleza inferior de una persona por los aspectos más importantes y refinados de sus potenciales más altos. Representante físico del rayo Violeta, de la alquimia y de la transformación. Acaba con las ilusiones. Aumenta las habilidades físicas. Excelente para la meditación. Es calmante y posee fuertes cualidades protectoras. Cura, amor divino, inspiración, intuición.

Chacras: Tercer Ojo, Corona

Cuarzo Verde o Venturina – Una variación del cuarzo. Purifica los cuerpos mental, emocional y etéreo. Ayuda como relajante en la ansiedad y en el miedo. Fortifica el tejido muscular. Fortalece la sangre. Ofrece tranquilidad emocional y estimula las actividades positivas en relación con la vida. Lleva a las personas a un alineamiento con su centro. Independencia, salud, bienestar.

Chacra: Corazón

Azurita – Aumenta el flujo de energía a través del sistema nervioso (a causa del componente de cobre). Ayuda al cuerpo a utilizar el oxígeno. Fortalece la sangre. Facilita la meditación clara. Anula la ilusión. Aumenta las habilidades físicas. Inicia la transformación. Purifica el cuerpo mental. Inspiración, creatividad, intuición.

Chacras: Tercer Ojo, Garganta

Calcita – Ayuda a los riñones, el páncreas y el bazo. Balancea las polaridades macho/hembra. Alivia el miedo, reduce el estrés. Promueve el equilibrio emocional. Atenúa el exceso de energía. Aumenta la capacidad para la activación mental, la alegría y la agilidad. Trabaja con los chacras y con las actitudes de acuerdo al color de la piedra.

Celestita – Aumenta las funciones de la tiroides. Reduce el estrés. Relajante. Estimula la paz de la conciencia. Acelera el crecimiento. Aumenta la expresión creativa personal. Ayuda a que las personas alcancen estados de conocimiento más altos, más dilatados. Verdad, confianza. Discurso claro.

Cha*cra: Garganta*

Cianita – Fortalece el chacra de la garganta. Aumenta la expresión creativa, la comunicación, la verdad, la lealtad, la confianza y la serenidad. Corrección con el plano casual. Facilita el viaje astral e interdimensional.

Chacras: Garganta, Tercer Ojo

Citrino – Una variación del cuarzo. Es bueno para los riñones, el colon, el hígado, la médula ósea, los órganos digestivos, el corazón, la regeneración de los tejidos. Desintoxica los cuerpos físico, emocional y mental. Aumenta la energía curadora del cuerpo. Disminuye tendencias autodestructivas. Hace surgir la autoestima. Poderoso en el alineamiento con el Yo Superior. Nos hace más a abiertos de corazón, más tiernos, y nos da esperanza. Estimulante, energizador. Atrae la abundancia.

Chacras: Ombligo, Corona

Cobre – Influye en el flujo sanguíneo. Provee de fuerte energía al cuerpo y a la mente. Aumenta el metabolismo. Ayuda a desintoxicar el cuerpo. Ayuda cuando hay agotamiento y descontrol sexual. Alinea los cuerpos físico y emocional. Hace afianzar la autoestima. Es un fuerte conductor de energía.

Cornalina – Una variación de la calcedonia. Curador mineral altamente desarrollado. Energiza la sangre. Ayuda a los riñones, los pulmones, el hígado, la vesícula biliar y el páncreas. Refuerza la regeneración de los tejidos. Revitaliza los cuerpos físico, emocional y mental. Alinea los cuerpos físico y etéreo. Abre el corazón. Es estimulante, socializador y animador.

Chacras: Ombligo, Plexo Solar, Corazón

Crisólito – Ayuda en la prevención de úlceras, problemas digestivos, condiciones artríticas. Fortalece los pulmones y la glándula tiroides. Aumenta el metabolismo. Excelente para desordenes en la mujer. Alivia miedos, sentimientos de culpa, tensión. Ayuda a despejar descontroles en el subconsciente. Activa cualidades femeninas. Amplia el chacra de la garganta. Expresión creativa, poder, comunicación. Alegría, balance emocional.

Chacras: Corazón, Garganta

Crisoprasa – Una variación del cuarzo. Balancea los patrones neuróticos. Trae fertilidad. Es calmante, balanceador, promueve la cura para los cuerpos físico, emocional y mental. Ayuda a que las personas vean con mayor claridad sus problemas. Aflora talentos interiores. Abre el corazón, desata alegría.

Chacra: Corazón

Cristal de Roca (claro) – Aumenta las propiedades cristalinas de la sangre, del cuerpo y de la mente. Activa y aumenta las glándulas pineal y pituitaria. Equilibrador emocional. Estimula las funciones cerebrales. Amplia las formas de pensamiento. El espectro completo de energía activa los niveles de conciencia. Dispersa la negatividad del campo energético de la persona y del ambiente. Recibe, activa, guarda, transmite y amplia la energía. Excelente para la meditación. Aumenta la comunicación interdimensional y la comunicación con el Yo Superior y las Guías Espirituales.

Chacras: Todos

Kunzita - Su alta concentración de litio beneficia a individuos que presentan comportamiento incorrecto. Fortalece el sistema cardiovascular. Ayuda en la maniaco depresión. Equilibra de manera excelente los cuerpos físico, emocional y mental. Piedra poderosa para abrir y curar el corazón. Ayuda a las personas en la búsqueda del Yo Superior. Aumenta la autoestima. Da tolerancia y aceptación. Es suavizante, calmante.

Chacra: Corazón

Diamante – Una clase de cristal de cuarzo. Aclara cuerpos oscuros. Reduce el estrés. Balancea y purifica la energía interna del cuerpo y de la mente. Posee cualidades similares a las del cuarzo claro. Poderoso amplificador. Aumenta la visión interior. Aumenta la interpretación de los sueños – "Cristal del sueño"- Guarda formas e información. Potencia las funciones del cerebro. Ayuda en el alineamiento de los huesos del cráneo. Rompe los bloqueos del chacra de la corona y de la personalidad. Curador por excelencia. Disipa la negatividad. Purifica los cuerpos físico y etéreo. Refleja la voluntad y otros aspectos del poder Divino. Aumenta el espectro completo de las energías del cuerpo y del espíritu. Facilita el alineamiento con el Yo Superior. Otras cualidades: abundancia, inocencia, pureza y fe.

Chacras: Todos

Esmeralda – Una variación del berilio. Fortalece el corazón, el hígado, los riñones y los sistemas inmunológico y nervioso. Tonifica el cuerpo, la mente y el espíritu. Ayuda en el alineamiento de los cuerpos. Da acceso a los sueños, a la meditación y al interior espiritual más profundo. Representa el potencial de la divinidad en nuestro interior. Prosperidad, amor, gentileza, tranquilidad, equilibrio, cura, paciencia. Fuerte equilibrador emocional.

Chacras: Corazón, Plexo Solar

Cuarzo Rosa – Ayuda al buen funcionamiento de los riñones y del sistema circulatorio. Aumenta la fertilidad. Facilita el equilibrio sexual y emocional. Ayuda a despejar el rencor, el resentimiento, los sentimientos de culpa y el miedo, la envidia. Reduce el estrés y la tensión, calma el temperamento agresivo. Aumenta la autoconfianza y la creatividad. Ayuda en el desarrollo del perdón, la compasión, el amor. Es la "Piedra del Amor".

Chacra: Corazón

Cuarzo Rutilado – Regenera los tejidos de todo el cuerpo. Aumenta la fuerza de la vida. Fortalece el sistema inmunológico. Estimula las funciones del cerebro. Facilita la inspiración. Aumenta la clarividencia. Es altamente eléctrico, actúa con mayor intensidad que el cuarzo claro. Penetra los contornos de la densidad física, emocional y mental. Facilita la comunicación con el Yo Superior y los Guías Espirituales. Es un curador muy poderoso.

Chacras: Todos

Rodocrosita – Ayuda al bazo, los riñones, la glándula pituitaria y la circulación sanguínea. Aumenta la memoria y el poder intelectual. Equilibra emocionalmente. Ayuda a curar heridas y traumas emocionales. Alinea los cuerpos delgados. El color rojo y el rosa ayudan a controlar y manejar aspectos del valor, de la voluntad, y de la pasión de los chacras inferiores mediante la expresión amorosa del corazón. Amor divino, autoaceptación y vida. Es un curador poderoso para todos aquellos que tienen afinidad con esta piedra.

Chacras: Raíz, Corazón

Rubí – Ayuda en la regeneración del corazón físico y espiritual. Fortalece la circulación sanguínea. Revitaliza la sangre y completa el sistema cuerpo/mente. Refuerza el sistema inmunológico. Activa condiciones indolentes o inertes en los niveles físico y espiritual. Modera pasiones inferiores. Brinda valor, integridad, desprendimiento, alegría, devoción espiritual, poder y liderazgo. Ayuda a suprimir la sensación de limitación.

Chacras: Raíz, Corazón

Rodonita – Tonifica el sistema nervioso central, la glándula tiroides, los reflejos del cuerpo, la glándula pituitaria y el páncreas. Fortalece la inmunidad. Aumenta la memoria. Calma el trauma físico y moral. Reduce el estrés, calma la mente. Alivia los chacras raíz y corazón, trayendo amor en la acción y en la manifestación (variedad roja y negra). Incrementa la autoestima y la confianza. Aumenta los niveles de energía en el cuerpo y en la mente. La variedad rosa (sin negro), ayuda a divulgar el entendimiento y la fuerza dentro de la vulnerabilidad. Es una piedra excelente para quienes trabajan en oficios livianos en las ciudades.

Chacras: Raíz, Corazón

Zafiro – Fortalece el corazón y los riñones. Activa la glándula pituitaria, ayudando de esta manera a todo el sistema glandular. Alinea la mente, el cuerpo y el espíritu. Estimula las habilidades físicas, da claridad e inspiración. Expresa creatividad, lealtad, amor. Ayuda en la conexión con el Yo Superior y los Guías espirituales. Fortalece la voluntad.

Expande el Conocimiento Cósmico. Disipa la confusión. Es excelente para la meditación.

Chacras: Garganta, Tercer Ojo

Selenita – Fortalece los huesos, los dientes. Calma los nervios. Ejerce un efecto positivo sobre el cerebro, aumentando el poder de concentración y la claridad. Vivifica el poder de la voluntad. Luz blanca terrena.

Chacra: Corona

Sodalita – Ayuda al páncreas, equilibra el sistema endocrino, fortalece el metabolismo y el sistema linfático. Equilibra las polaridades macho/hembra. Disipa el miedo. Calma y aclara la mente. Es ligeramente calmante, terrena. Acaba con la densidad y la ilusión, trayendo claridad y verdad. Aumenta la comunicación y la expresión creativa. Tiene cualidades similares a las del lapislázuli.

Chacras: Garganta, Tercer Ojo

Topacio (Topacio Dorado) – Regenera los tejidos. Fortalece el hígado, la médula ósea, el bazo, los órganos digestivos y el sistema nervioso. Desintoxica el cuerpo. Es estimulante, despertador, inspirador. Brinda abundancia.

Chacras: Ombligo, Corona

Topacio Azul – Regenera los tejidos. Fortalece la glándula tiroides, acelera el metabolismo. Da equilibrio emocional. Es refrigerador y suavizante, da paz y tranquilidad. Potencializa la creatividad y la autoexpresión. Aumenta la percepción psíquica y la comunicación con el Yo Superior y los Guías Espirituales.

Chacras: Corazón, Garganta, Tercer Ojo

Turmalina (todos los colores) – Ayuda a mantener el equilibrio del sistema endocrino. Ayuda a dormir. Fortalece y vitaliza el cuerpo y la mente. Activa y aumenta las propiedades cristalinas del cuerpo y de la mente. Alinea los cuerpos delgados. Disipa el miedo y las condiciones negativas. Ejerce fuerte influencia protectora. Concentración, inspiración. Aumenta la sensibilidad y la comprensión. Poderoso curador, altamente electromagnético. Los diversos colores activan y alinean los chacras correspondientes. Turmalina negra (chorlo) –raíz. Turmalina sandia (roja y verde) –raíz, corazón. Turmalina verde –corazón. Turmalina azul (indicolita) –garganta, tercer ojo. Turmalina roja/rosada (rubelita) –raíz, corazón.

Turquesa – Tonifica, fortalece el cuerpo entero. Regenera el tejido. Es buena para la circulación sanguínea, los pulmones, el sistema respiratorio. Revitaliza la sangre, el sistema nervioso. Alinea los chacras. Ayuda en la meditación, en la expresión creativa, en la paz mental, en el equilibrio emocional, en la comunicación, en la amistad, en la lealtad.

Chacra: Garganta

Varisata – Suavidad, calma, equilibrio del cuerpo y de la mente. Excelente para la sangre y el corazón. Da estabilidad emocional. Ayuda a recordar vidas pasadas. Da autoconfianza. Abundancia.

Chacras: Corazón, Plexo Solar

Zirconio – Fortalece la mente. Ayuda a resolver problemas intestinales. Equilibra las glándulas pituitaria y pineal. Alinea los cuerpos delgados. Favorece el equilibrio emocional y fortalece la autoestima. Favorece el sueño. Tiene propiedades similares a las del diamante y el cristal de roca. Curador energético.

Chacra: Todos

LOS CRISTALES Y LAS ESTACIONES DEL AÑO

PRIMAVERA	–	Sodalita
VERANO	–	Cuarzo Rosa
OTOÑO	–	Cuarzo Blanco
INVIERNO	–	Ópalo

LOS CRISTALES Y LOS DÍAS DE LA SEMANA

DOMINGO	–	Rubí
LUNES	–	Ópalo
MARTES	–	Esmeralda
MIÉRCOLES	–	Cuarzo Blanco
JUEVES	–	Agua Marina
VIERNES	–	Sodalita
SÁBADO	–	Turmalina – Todos los Colores

LOS CRISTALES
Y LOS MESES DEL AÑO

ENERO	–	Granate
FEBRERO	–	Amatista
MARZO	–	Ópalo
ABRIL	–	Cuarzo Blanco
MAYO	–	Cuarzo Verde
JUNIO	–	Cuarzo Rosa
JULIO	–	Calcita
AGOSTO	–	Citrino
SEPTIEMBRE	–	Turmalina
OCTUBRE	–	Topacio Azul
NOVIEMBRE	–	Ágata
DICIEMBRE	–	Topacio Imperial (amarillo)

CRISTALES COMUNES A TODOS LOS SIGNOS

Cuarzo Blanco

Cuarzo Rosa

Turmalina Rosa

Diamante

Amatista

CRISTALES PARA SU CASA

Turmalina Negra

Amatista

Cuarzo Blanco

Cuarzo Rosa

Sodalita

LOS CRISTALES DE SU SIGNO

ACUARIO
Agua Marina
Zafiro
Granate
Ópalo
Lapislázuli

PISCIS
Amatista
Agua Marina
Fluorita
Turmalina Verde
Crisoprasa

ARIES
Amatista
Granate
Topacio
Turmalina Rosa
Cornalina

TAURO
Esmeralda
Kunzita
Zafiro
Agua Marina
Cuarzo Rosa

GÉMINIS
Ágata
Zafiro
Topacio
Agua Marina
Sodalita

CÁNCER
Esmeralda
Cuarzo Verde
Turmalina Verde
Ópalo
Turmalina Rosa
Rodocrosita

LEO
Rubí
Cornalina
Granate
Turmalina Rosa
Citrino

VIRGO
Citrino
Zafiro
Amazonita
Ámbar
Cornalina
Topacio Amarillo

LIBRA
Diamante
Esmeralda
Kunzita

Ópalo
Turmalina Rosa
Agua Marina

ESCORPIÓN
Granate
Turmalina Verde
Esmeralda
Cuarzo Verde
Obsidiana

SAGITARIO
Amatista
Ámbar
Azurita
Topacio
Cuarzo Rosa
Turmalina Rosa

CAPRICORNIO
Ágata
Amatista
Rubí
Turmalina Verde
Esmeralda
Cuarzo Verde

NOTA

Los cristales, gemas y otros minerales son instrumentos maravillosos para la transformación. Son "amigos sólidos" y objetos de belleza que nos pueden ayudar en el camino hasta nuestra muerte. Sin embargo, tenemos que recordar que los cristales, gemas y minerales son un reflejo sólido de aquello que siempre está disponible entre nosotros, y que el amor es el único objetivo. Mantengamos todo en la perspectiva correcta, sin hacer a un lado nuestro poder, mientras disfrutamos de todos los beneficios que la naturaleza nos da. El amor es todo lo que importa.

OBSERVACIÓN: Las formas rocosas indicadas para su uso fueron mencionadas por ser las de más fácil acceso. Existen otros tipos de cristales.

Ágata

Agua Marina

Alejandrita

Amazonita

Ámbar

Amatista

Azurita

Calcita Naranja

Cianita Azul

Citrino

Cobre

Cornalina

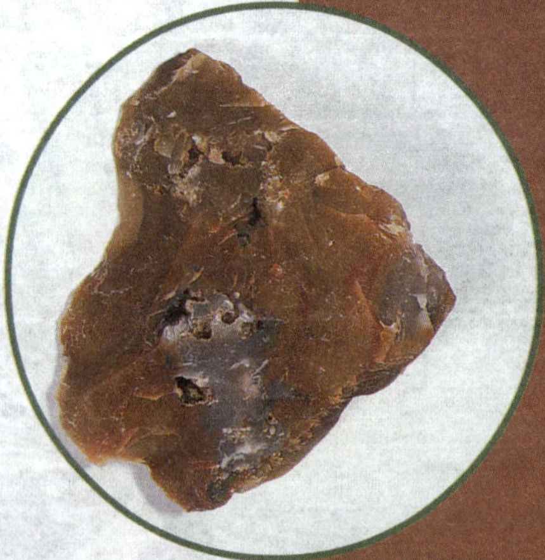

Esmeralda

Kunzita

Cuarzo Rosa

Cuarzo Rutilado

Rodocrosita

Rubí

Selenita

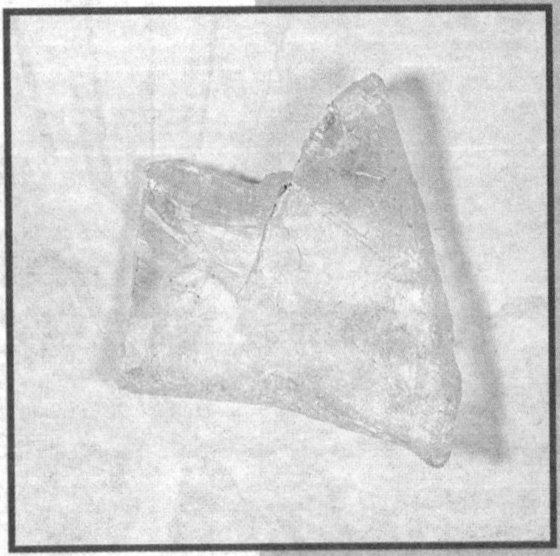

Sodalita

Topacio Azul

Topacio Dorado

Turmalina Bicolor

Turquesa

Cuarzo Blanco

Zirconio

Crisoprasa

Turmalina Negra

Cuarzo Verde

Turmalina verde

USO DE LOS CRISTALES DE ACUERDO AL TIPO DE ENFERMEDAD

COMPRESAS PARA DOLORES MUSCULARES, INFLAMACIONES Y ARTICULACIONES

- Coloque agua a hervir, en el momento en que el agua hierva, coloque los cristales y apague el fuego. Debe tapar el recipiente y dejar el agua en reposo por lo menos 30 minutos. Después de ese tiempo usted podrá humedecer algodón, gasas, lienzo, en fin... y colocar sobre el lugar que se pretende tratar.

- Usted debe hacer las compresas por lo menos dos veces por día y por un mínimo de 15 minutos cada vez.

- Si desea, haga las compensas con agua tibia y sólo caliéntela para cada compresa.

- En cuanto hierva el agua en el recipiente, ésta puede ser usada sin necesidad de volver a hervirla.

CRISTALES INDICADOS

- Amatista
- Cuarzo verde
- Esmeralda
- Ópalo

DIFERENTES FORMAS DE APLICARLOS

Baño para limpiar la energía acumulada durante el día

Colocar en un recipiente con agua varios cristales (pequeños) y dejar los cristales reposando en el agua por lo menos 30 minutos.

Después de su baño normal, vierta el agua del recipiente sobre todo el cuerpo, incluso la cabeza.

CRISTALES INDICADOS

- Cuarzo rosa
- Cuarzo blanco
- Sodalita
- Cuarzo azul
- Calcita naranja

RELACIÓN DE LAS DOLENCIAS FÍSICAS, EMOCIONALES, ESPIRITUALES Y LOS CRISTALES INDICADOS

01 - Problemas urinarios	Citrino - Turmalina negra
02 - Problemas neurológicos	Cuarzo azul - Sodalita - Amatista
03 - Problemas circulatorios	Turmalina negra - Granate - Amatista
04 - Problemas de menopausia	Turmalina negra - Granate
05 - Problemas de riñones	Citrino - Calcita naranja
06 - Problemas pulmonares	Cuarzo verde - Amatista
07 - Problemas de oído	Sodalita - Amatista
08 - Derrame	Turmalina negra - Amatista
09 - Problemas de varices	Turmalina negra - Amatista - Cuarzo verde
10 - Problemas de trombosis	Turmalina negra - Sodalita - Amatista
11 - Problemas de flebitis	Cuarzo blanco - Sodalita - Cuarzo azul
12 - Problemas de hemorroides	Amatista - Turmalina negra
13 - Problemas de bronquitis	Cuarzo verde - Cuarzo rosa - Amatista
14 - Problemas de asma	Cuarzo verde - Amatista - Esmeralda
15 - Problemas de faringitis	Cuarzo azul - Sodalita - Amatista
16 - Problemas de acné	Amatista - Cuarzo azul
17 - Problemas de hernia	Turmalina negra - Citrino - Topacio

18 - Mareo al viajar en auto	Cuarzo verde - Cuarzo blanco
19 - Problemas de gastritis	Citrino - Topacio
20 - Problemas de herpes	Amatista - Cuarzo verde
21 - Problemas de cataratas y glaucoma	Amatista - Esmeralda
22 - Problemas de cólicos en los bebes	Topacio - -Citrino - Calcita naranja
23 - Problemas de cólicos menstruales	Turmalina negra
24 - Cólicos del hígado (quien no bebe)	Cuarzo verde - Cuarzo blanco
25 - Problemas de ansiedad	Cuarzo rosa - Cuarzo azul
26 - Problemas de taquicardia	Cuarzo rosa - Sodalita
27 - Problemas de jaqueca	Citrino - Topacio
28 - Problemas de cálculo renal	Citrino - Topacio
29 - Problemas de vesícula	Calcita naranja - Topacio
30 - Problemas de vesícula perezosa	Cuarzo blanco - Cuarzo verde
31 - Problemas de diarrea	Calcita naranja - Citrino
32 - Problemas de hemorragias menstruales	Turmalina negra - Amatista
33 - Problemas de cólicos menstruales	Cuarzo azul - Sodalita
34 - Hinchazón de las piernas en personas no obesas	Turmalina negra - Amatista
35 - Problemas de eczemas en las piernas	Turmalina negra - Amatista
36 - Problemas de eczema pulmonar	Cuarzo verde - Amatista - Cuarzo blanco
37 - Problemas de nervios	Cuarzo rosa - Cuarzo amatista - Cuarzo blanco
38 - Problemas de psoriasis	Amatista - Sodalita - Citrino

39 - Problemas de osteoporosis	Amatista - Cuarzo verde
40 - Problemas de impotencia	Turmalina negra - Granate
41 - Problemas de Insomnio	Cuarzo azul - Amatista
42 - Problemas de falta de memoria	Citrino - Topacio
43 - Problemas de concentración difícil	Citrino - Topacio - Sodalita
44 - Problemas cardíacos	Amatista - Cuarzo verde - Cuarzo blanco
45 - Problemas de colesterol	Amatista - Citrino
46 - Problemas de Triglicéridos	Citrino - Granate - Turmalina negra
47 - Problemas de vicios (fumar y beber)	Cuarzo blanco - Topacio- Amatista
48 - Problemas con niños agitados de día	Cuarzo rosa - Cuarzo blanco - Turmalina negra
49 - Problemas con niños con temores de noche	Topacio - Cuarzo rosa - Cuarzo azul
50 - Problemas psiquiátricos	Cuarzo blanco - Topacio - Turmalina negra
5l - Problemas de artritis	Cuarzo azul - Cuarzo rosa - Amatista
52 - Problemas de reumatismo	Cuarzo azul - Cuarzo rosa - Amatista
53 - Problemas de amigdalitis	Cuarzo azul - Amatista - Cuarzo verde
54 - Problemas de Faringitis	Cuarzo azul - Amatista - Cuarzo verde
55 - Inseguridad de adolescente	Citrino - Topacio - Amatista
56 - Problemas de personas	

afligidas	Cuarzo rosa - Cuarzo azul - Amatista
57 - Problemas de aborrecimientos	Sodalita - Cuarzo rosa
58 - Problemas para la clarividencia	Amatista - Topacio
59 - Problemas de bronquitis	Calcita naranja - Cuarzo verde
60 - Problemas de columna y huesos en general	Topacio - Citrino - Amatista- cuarzo rosa
61 - Problemas de estrés	Amatista - Cuarzo rosa - Cuarzo blanco
62 - Problemas de mala digestión	Calcita naranja- Citrino - Cuarzo verde
63 - Problemas de temblor en las manos en personas de edad	Cuarzo azul - Sodalita
64 - Problemas de aprendizaje (estudio)	Cuarzo azul - Amatista
65 - Problemas de retención de vientre crónico	Citrino - Turmalina negra - Topacio

TESTIMONIOS DE SANACIONES

Lunes 8 de octubre de 2001

CURA DE LEA GORRETI

Declaración sobre la cura de Lea Gorreti

A mediados de 1995 percibí que tenía dificultades para ver con el ojo izquierdo, tanto de cerca como de lejos. En aquella época yo usaba gafas para vista cansada en un grado muy bajo. Declaro que era 1.0. Básicamente para leer letras muy pequeñas, como etiquetas de remedios, catálogos telefónicos, etc.

Fui entonces a un médico oftalmólogo, quien constató la necesidad de aumentar un poco el grado de los lentes. Con el tiempo fui empeorando y al poco tiempo ya estaba usando un lente de 5.0. Comencé a observar que el ojo no mejoraba. Muy poca cosa podía ver ante un espejo. Preocupada volví al médico y él constató, a través de un examen más detallado, que no había la menor presión en el ojo y el globo ocular se mostraba sin ninguna resistencia. Inmediatamente se me ordenó realizar exámenes más detallados en una clínica altamente especializada. Dentro de los exámenes se hizo uno de ultrasonografía.

Después de una serie de pruebas el diagnóstico fue: viscosidad de coroide (endurecimiento de los vasos sanguíneos), en proceso de atrofia (disminución del ojo) doblez de la retina y, en consecuencia, pérdida de la visión en aproximadamente seis meses. De acuerdo con el médico el proceso era irreversible, pues no existía un tratamiento posible en el campo científico para tal problema oftalmológico, tanto en Brasil como en el exterior.

Como no había una solución posible en el campo científico, busque el trabajo espiritual realizado por Cristovão Brilho y empecé a frecuentar sus sesiones y hacer el tratamiento indicado en la casa. Colocaba todos los días un algodón embebido en agua energizada por cristales sobre el ojo afectado.

A los nueve meses de tratamiento me encontraba totalmente curada, para mi alegría y sorpresa del médico. Dentro de un aire de incredulidad el médico certificó, porque estaba constatando la sanación.

Pasados los momentos iniciales, el médico estaba pensando en publicar la cura en la Revista Médica y llevar el caso al Congreso del Brasil y al exterior. Como no sabía cómo explicar el caso a la comunidad científica, el acabó por abandonar el proyecto de exponer una solución al mundo.

* * *

Jundiaí, 19 - 02- 2000

HIRMA C. DE MOLA

Yo tenía un nódulo en el seno del lado derecho, comprobado por exámenes médicos, e inclusive por mamografía. Después de cuatro sesiones de tratamiento con cristales por el Dr. Fyeer, el nódulo desapareció. El médico que hizo los exámenes es el Dr. Albino Favaro Neto.

Jundiaí, 19-02-200

YOLLANDA MELATO BARBOSA

Estuve en tratamiento de hernia de disco, después que comencé el tratamiento mejoré en un 90%.

* * *

Jundiaí, 18,12 de 1999

SANDRA REGINA LENNE GONCALVEZ

En diciembre de 1997, comencé a sufrir de la columna cervical y estuve en tratamiento médico hasta abril de 1998, apartada de mi trabajo y lista a enfrentar una cirugía delicada. Corría el riesgo de quedar con los movimientos del cuello y los brazos restringidos.

Busqué entonces tratamiento espiritual en la oración, con fe en Jesús, y fui mejorando. En octubre de ese año comencé a ir donde Cristovão Brilho y en la primera sesión sentí visible mejoría. En la segunda visita los dolores habían disminuido, dejé de tomar los analgésicos acostumbrados y empecé a trabajar normalmente, pues soy auxiliar de enfermería.

* * *

Jundiaí, 18, 12 de 1999

MAYRY MARTENHO DE ALMEIDA

Herpes crónico con baja resistencia. Hace 30 días pedí ayuda al Dr. Fyeer y hace 30 días el herpes no volvió a aparecer.

Belo Horizonte, 27- 02 de 2000

HELDER LUIS CHÁVEZ

Yo, Helder, doy fe de un tratamiento a distancia. "Él siempre se cerró para sí mismo y para los demás. En agosto tuvo una crisis de esquizofrenia y comenzamos el tratamiento a distancia. En los últimos dos meses tuvo una mejoría increíble; conversa con las personas, está buscando trabajo y hasta nos ayuda en alguna tarea".

* * *

Belo Horizonte, 27 - 02 de 2000

NOEME FRANCISCA NAZIAZENO

Después de varios tratamientos sin solución, permanecía con una mancha negra en el ojo izquierdo resultante de un derrame profundo del ojo. Busqué la ayuda del Dr. Fyeer y comencé un tratamiento semanal de reprogramación genética. Después de la segunda sesión no vi la mancha, ya que había desaparecido y la visión fue restablecida.

Observación: Todos los médicos consultados diagnosticaron que la afección no tenía cura.

* * *

Belo Horizonte, 28 - 11 de 1999

Testimonio de NELMA VILELA DUVEIRA
Paciente Neide Vilela de Freitas

CURA A DISTANCIA

Encefalia. Sedada por 48 días. Durante este período sufrió aproximadamente 30 convulsiones, paros cardíacos, neumonías y los riñones no le funcionaban.

Desde el 28 de noviembre está en casa sin ningún tipo de secuelas ni en el cerebro ni en ninguna parte del cuerpo. Los médicos no se explican qué pasó ni saben exactamente lo que la paciente tenía.

* * *

Salvador,15-01 de 2000

ALMIRA ROSA SANTOS

Accidente de auto con estrangulamiento del disco izquierdo. 12 años de dolores frecuentes e insoportables.

En la primera reunión cesaron los dolores. Hoy es la segunda vez que asisto y continúo sin dolores. Muy emocionada, con una sensación de mucha paz y mucha felicidad.

Agradezco y pido a Jesús, que acompañe al Dr. Fyeer donde él esté y a todo su equipo.

* * *

Belo Horizonte, 17-01 de 2001

JOSÉ GUIOVANE CORREA

TUMOR EN EL CEREBRO

Me descubrieron un tumor en el cerebro a principios del año 2000. En mayo me hicieron una cirugía. Luego comenzaron a tratarme con quimioterapia y radioterapia. Fue cuando conocí el trabajo del Dr. Fyeer y me hice otro examen. Me fue detectado un tumor aún más maligno (gliobastoma multiforme). Continué el tratamiento con el Dr. Fyeer, quien me cambio el régimen alimenticio. En noviembre me practicaron una segunda cirugía . Me hicieron otro examen de resonancia magnética y los médicos quedaron asombrados con el resultado.

El tumor no era el mismo; había retrocedido dejando en duda el primer examen. Yo, Gioane, certifico que la mejoría se debe al tratamiento del Dr. Fyeer.

* * *

Belo Horizonte

MARILAN C. VARELA

Fui curada por el Dr. Fyeer de hipertensión arterial. Continúo en tratamiento de otras dolencias.

* * *

Salvador ,15-02 de 2000

IRGERENE DE LOS RÍOS

Tenía pólipos en el útero y con el tratamiento del Dr. Fyeer, en noviembre del 99, me hice un examen porque el médico me quería operar. Quedé muy feliz porque en el resultado ya no tenía los pólipos.

* * *

Río de Janeiro, 21-09-01

LUCY FELIX GARRANA FREIJANES

Apreciado Cristovão, me agrada dar mi testimonio en relación con la mejoría de mi hija Ana Carolina, de 7 años.

La llevo a tratamiento los sábados en Río de Janeiro. Hace un año observé un gran cambio en su sistema inmunológico. Carolina, desde que nació, vivía constantemente resfriada y con la garganta inflamada, haciendo uso de antibióticos cada 3 meses, lo que la debilitaba bastante. Desde que inició el tratamiento con los cristales ella nunca más se ha enfermado ni ha hecho uso de remedios .

Nosotros le estamos muy agradecidas y continuamos el tratamiento. Que Dios lo bendiga, y a todo su equipo terreno y espiritual.

* * *

Maracaná, 17 -11 de 2001

LEDA MARÍA DE CARA FIALHO DE CARVALHO

Tenía varios problemas, como por ejemplo un mioma en el útero, nódulos en los senos, un dolor de cabeza seguido de una diarrea que me tenía muy preocupada.

Tuve conocimiento del tratamiento del Dr. Fyeer y comencé a hacerlo. Con la fe que tengo en Dios y en los poderes del Dr. Fyeer, ya me encuentro sin el problema del dolor de cabeza ni de diarrea y, con gran fe, tengo la certeza que quedaré bien totalmente.

Mi hijo sufría de un problema de reflujo desde que nació. Ahora, con 6 meses, y gracias a Dios y al Dr. Fyeer, ya consigue alimentarse normalmente. Mi marido se hizo una cirugía en el estómago hace casi un mes. Gracias a Dios y al Dr. Fyeer, está muy bien y tengo la certeza que mejorará cada día más.

Río de Janeiro, 03- 09 de 2001

SOLANGE RIBEIRA COSTA

Después de algunas sesiones con el médium Cristovão Brilho, inicié el tratamiento con el Dr. Fyeer. Tenía un pólipo que me causaba sangrado y requería de una cirugía. Recientemente me hice un examen de ultrasonido. Para mi felicidad, no existía el pólipo y en consecuencia el sangrado había disminuido. Hoy me siento mucho mejor.

* * *

Río de Janeiro, 10-09 de 2001

MARÍA APARECIDA CAMPUS DOS SANTOS

Asisto desde hace dos años. Tenía problemas de cáncer en el intestino. Después del tratamiento con los cristales y la cirugía del Dr. Fyeer, quedé completamente curada. Gracias al Equipo, a los Mentores Espirituales y al Buen Dios.

* * *

Río de Janeiro, 03-Septiembre 2001

MARCOS MORRISSY

Después de algún tiempo de tratamiento, la rinitis alérgica que tenía prácticamente desapareció. Aunque algunas veces tengo crisis , estas son raras y esporádicas.

* * *

Río de Janeiro, 19-09 de 2001

RENATA MORRISY

Es increíble como me siento de bien haciendo el tratamiento... Me siento leve, energizada fortalecida... La sensación es de pureza, de bienestar... como si nada malo pudiera sucederme.

* * *

Río de Janeiro

MARÍA DE LOURDES C. MAHEDO

Fui al Centro Da Terra llevada por una amiga. Luego de una reunión con el médium, Crisrovão Brilho, sentí lo importante que sería para mí. Estaba con muchos problemas de salud particulares. Tengo mucha fe, gracias a Dios procuro no perderme lo lunes de tratamiento. Como el Dr. Fyeer ya me hizo cirugías espirituales, me estoy sintiendo mejor.

La fuerza que Cristovão Brilho y su asistente nos transmite es de fortaleza; y cada vez me siento más restablecida. No es demagogia mía. Pido a Dios todos los días para que tengan sus auras iluminadas. También deseo agradecer por la oportunidad que Dios me está dando. Dios los ilumine.

* * *

Jundiaí, 25-03 de 2000

RIRA DE LORUDES SPINA

Al principio de 1998 comencé a sentir dolores en la rodilla derecha y vi que una protuberancia crecía por detrás. Consulté a un médico y éste me dijo que el problema era un quiste de Beker. Me explicó que era una membrana que nace en la rótula de la rodilla y que se aloja detrás de ésta. No había medicamento ni cirugía, pues con el tiempo volvería a crecer. El dolor conti-nuaba y la protuberancia crecía impidiéndome doblar la rodilla. A través de una amiga supe de la venida a Jundiaí del médium Cristovão Brilho, para dar asistencia a los necesitados, a través del médico espiritual, Dr. Fyeer.

En noviembre 20 de l999 comencé el tratamiento. Al cuarto mes me sentía curada y sin los dolores. Volví a doblar la rodilla. El quiste que se alojaba detrás de ésta prácticamente ha desaparecido.

Agradezco de todo corazón al Sr. Padre Eterno por colocar en nuestro camino esta maravillosa Luz. Mis agradecimientos al médico espiritual Dr. Fyeer, al médium Cristovão Brilho y a todos los colaboradores de la casa que con tanto cariño y amor nos reciben.

* * *

Jundiaí, 21-07 de 2001

GIOVANI STILLO

El día 9 de junio de 2001 consulté al Dr. Fyeer debido a un carcinoma de mama. Hoy, después de un mes, no tengo nada y no necesito operarme gracias a Dios.

* * *

Río de Janeiro, 5 de septiembre de 2001

REGINA COELI SANTORO

Depresión, angustia, nódulo en la tiroides, arritmia cardíaca

En marzo de l999 tuve un problema cardíaco (arritmia) y fui internada en una unidad intensiva. Mi hija, que venía en tratamiento con el paranormal Cristovão Brilho, recurrió a él, pues me estaba recuperando muy lentamente. Después de este pedido tuve una rápida recuperación, sin secuelas, volviendo a mi vida normal.

Posteriormente, tuve un nódulo en la tiroides y fue rápidamente extinto sin necesidad de cirugía. Desde pequeña he sufrido crisis de depresión, debido a traumas que tuve a lo largo de mi vida. Con los tratamientos he conseguido recuperarme y tengo más fe y confianza.

He dominado muchas fobias, sensaciones de pánico y las crisis de depresión. Soy más decidida, tengo más esperanza en volver a ser feliz. Sé que en algún lugar, alguien ora por mí.

No me siento triste. Sé que en cualquier momento, cuando sea vulnerable a fuerzas extrañas que minen mi voluntad, puedo contar con el auxilio espiritual del Dr. Alexander Fyeer y el paranormal Cristovão Brilho. Normalmente es muy difícil hallar ayuda de quien no tiene la pasión por ciertos sufrimientos y la dimensión exacta de lo que se siente. Por eso, a veces somos juzgados como "desequilibrados".

Quiero, desde el fondo de mi corazón, que todas las personas tengan la oportunidad, como yo la tengo, de hacer el camino y salir del fondo del abismo.

Otros Libros Editados por Prosperar

URI GELLER, SUS PODERES MENTALES Y COMO ADQUIRIRLOS
Juego de libro, audiocasete y cuarzo
Autor: Uri Geller

Este libro revela cómo usted puede activar el potencial desaprovechado del cerebro, al mejorar la fuerza de la voluntad y aumentar las actividades telepáticas. Además, explica cómo usar el cristal energizado y el audiocasete que vienen junto con el libro.

Escuche los mensajes positivos de Uri mientras le explica cómo sacar de la mente cualquier pensamiento negativo y dejar fluir la imaginación. El casete también contiene una serie de ejercicios, especialmente creados por Uri Geller para ayudarle a superar problemas concretos.

EL PODER DE LOS ANGELES CABALISTICOS
Juego de libro y videocasete
Autor: Monica Buonfiglio

Esta obra es una guía muy completa para conocer el nombre, la influencia y los atributos del ángel que custodia a cada persona desde su nacimiento.

Incluye información sobre el origen de los ángeles. Los 72 genios de la cábala hebrea, el genio contrario, invocación de los espíritus de la naturaleza, oraciones para pedir la protección de cada jerarquía angélica y todo lo que deben saber los interesados en el estudio de la angeología. Ayuda a los lectores a perfeccionarse espiritualmente y a encontrar su esencia más pura y luminosa. En su primera edición en Brasil en 1994, se mantuvo entre la lista de los libros más vendidos durante varios meses.

ALMAS GEMELAS
Aprendiendo a Identificar el amor de su vida
Autor: Monica Buonfiglio

En el camino en busca de la felicidad personal encontramos muchas dificultades; siempre estamos sujetos a los cambios fortuitos de la vida. En este libro Monica Buonfiglio aborda con maestría el fascinante mundo de las almas gemelas.

¿Dónde encontrar su alma gemela, cómo reconocerla, o qué hacer para volverse digno de realizar ese sueño? En este libro encontrará todas las indicaciones necesarias, explicadas de manera detallada para que las ponga en práctica.

Lea, sueñe, amplíe su mundo, expanda su aura, active sus chakras, evite las relaciones kármicas, entienda su propia alma, para que, nuevamente, la maravillosa unidad de dos almas gemelas se vuelva realidad.

CÓMO MANTENER LA MAGIA DEL MATRIMONIO
Autor: Monica Buonfiglio

En este texto el lector podrá descubrir cómo mantener la magia del matrimonio, aceptando el desafío de convivir con la forma de actuar, de pensar y de vivir de la otra persona.

Se necesita de mucha tolerancia, comprensión y poco juzgamiento.

Para lograr esta maravillosa armonía se debe aprender a disfrutar de la intimidad sin caer en la rutina, a evitar que la relación se enfríe y que por el contrario se fortalezca con el paso de los años.

Los signos zodiacales, los afrodisíacos y las fragancias, entre otros, le ayudarán a lograr su fantasía.

MARÍA, ¿QUIÉN ES ESA MUJER VESTIDA DE SOL?
Autor: Biba Arruda

La autora presenta en este libro las virtudes de la Virgen María. A través de su testimonio de fe, entrega y consagración, el lector comprenderá y practicará las enseñanzas dejadas por Jesucristo.

La obra explica cómo surgió la devoción de los diferentes nombres de María, cuáles han sido los mensajes que Ella ha dado al mundo, cómo orar y descubrir la fuerza de la oración, el porder de los Salmos y el ciclo de purificación; todo ello para ser puesto en práctica y seguir los caminos del corazón.

En esta obra, María baja de los altares para posarse en nuestros corazones. Mujer, símbolo de libertad, coraje, consagración, confianza, paciencia y compasión.

PAPI, MAMI, ¿QUÉ ES DIOS?
Autor: Patrice Karst

Papi, mami, ¿qué es Dios?, es un hermoso libro para dar y recibir, guardar y conservar. Un compañero sabio e ingenioso para la gente de cualquier religión.

Escrito por la norteamericana Patrice Karst, en un momento de inspiración, para responderle a su hijo de siete años la pregunta que tantos padres tienen dificultad en contestar.

En pocas páginas ella logró simplificar parte del material espíritu-religioso que existe, y ponerlo al alcance de los niños, para que entiendan que a Dios tal vez no se le pueda conocer porque es un Ser Infinito, pero sí sentir y estar consciente de su presencia en todas partes.

MANUAL DE PROSPERIDAD
Autor: Si-Bak

Así como se aprende a hablar, a caminar y a comer, cosas muy naturales en nuestro diario vivir, de igual forma hay que aprender a prosperar. Esto es posible para toda las personas sin disculpa alguna.

Para ello debemos intensificar la fe, la perseverancia y la práctica de un principio que nos conduzca por el camino de la prosperidad. Y es esto lo que enseña el "Manual de Prosperidad", el que, de manera sencilla y práctica, coloca en manos del lector reglas, conceptos y principios que le permiten encaminarse en el estudio práctico de la prosperidad y entrar así en su dinámica.

PARÁBOLAS PARA EL ALMA
"Mensajes de amor y vida"
Autor: Yadira Posso Gómez

En este libro encontrará mensajes que han sido recopilados a partir de comunicaciones logradas por regresiones hipnóticas.

La doctora Yadira Posso y su hermana Claudia, han sido elegidas para recibir mensajes de la propia voz de "El Maestro Jesús", a través de procesos de regresión en los que Él se manifiesta por medio de Claudia, quien sirve de médium.

Usted encontrará en esta obra hermosas parábolas para su crecimiento interno y desarrollo personal.

CON DIOS TODO SE PUEDE
Autor: Jim Rosemergy

¿Cuántas veces ha sentido que las puertas se le cierran y queda por fuera del banquete de la abundancia de la vida? ¿Quizás necesitaba un empleo, un préstamo, un aumento de sueldo, un cupo en el colegio o la universidad, o simplemente disponer de más dinero, tiempo, amor, y no se le había dado? ¿Se ha preguntado por qué a otros sí, y no a usted?

¿Sabe usted que este universo ha sido creado con toda perfección, y que el hombre tiene el poder de cambiar su vida, dejando que ésta sea un paraíso o un infierno?

Leyendo este libro usted entenderá la manera como puede utilizar su poder para tener acceso a todas las riquezas de este universo. El poder está dentro de usted, y es cuestión de dejarlo actuar. Cuando usted está consciente de la relación que debe tener con el Creador, todas las cosas que desee se le darán, por eso decimos que "con Dios todo se puede".

CÓMO ENCONTRAR SU PAREJA IDEAL
Autor: Russ Michael

¿Busca su pareja ideal? Si es así, este libro está hecho especialmente para usted.

Léalo y descubra la dinámica interna y externa que mágicamente aflora cuando dos seres se reconocen como almas gemelas. La pareja ideal se ama y acepta mutuamente sus cualidades e imperfecciones, libre de egoísmos e intereses personalistas y construye, momento a momento, día a día, una vida plena y autorrealizada, salvando los obstáculos inherentes al diario vivir.

Su autor, Russ Michael le ayudará a descubrir qué y quién es usted en verdad y a quién o qué necesita para realizarse y lograr la felicidad, y cómo aumentar su autoestima y magnetismo para ser una persona de éxito. Sea un espíritu libre y viva cada momento de su preciosa vida dando y recibiendo amor. Usted merece ser feliz.

MI INICIACIÓN CON LOS ÁNGELES
Autor: Toni Bennássar - Miguel Ángel L. Melgarejo

Este libro es una recopilación de los misteriosos y fascinantes encuentros que Miguel Ángel Melgarejo y un grupo de jóvenes tuvieron con ángeles en el Levante de la Península Ibérica.

El periodista Toni Bennássar resume los encuentros de Miguel Ángel siendo aún un adolescente y posteriormente como adulto hasta culminar con su iniciación en el monte Puig Campana, donde estuvo en contacto permanente con los ángeles por un lapso de 90 días, recibiendo mensajes de amor, sabiduría y adevertencia para la humanidad.

Ya sea usted amante de los ángeles o no, este libro colmará su interés y curiosidad por los apasionantes sucesos que aquí ocurren.

CUANDO DIOS RESPONDE:
¿Locura o misticismo?
Autora: Tasha Mansfield

En este libro magistral, usted conocerá la historia vivencial de la reconocida psicoterapeuta norteamericana Tasha Mansfield, quien tras afrontar una inesperada y difícil enfermedad, que la postró en cama por siete años, encontró la sanación física y el despertar espiritual.

Antes, durante, y después de la enfermedad, una voz celestial la fue guiando para tomar actitudes correctas y atraer la ayuda necesaria.

Tasha Mansfield comparte igualmente una serie de ejercicios y meditaciones para expandir el nivel de conciencia, atraer paz, y obtener una vida más plena y feliz.

CÓMO HABLAR CON LOS ÁNGELES
Autora: Mónica Buonfiglio

En este excelente libro su autora nos introduce en la magia de los ángeles cabalísticos, nos enseña la forma correcta de conversar con los ángeles y, en una sección de preguntas y respuestas, resuelve inquietudes relacionadas con estos seres de luz.

Usted conocerá el nexo de los ángeles con los elementales y cómo invocarlos para atraer su protección.

Aprenda a interpretar las velas y a manejar los pantáculos para contrarrestar ondas maléficas, y a utilizar flores, inciensos y perfumes para solicitar la presencia angelical.

Atraiga la sabiduría de los ángeles a su vida, y enriquézcase, tanto espiritual como materialmente.

EL EMPERADOR REENCARNADO
Autor: George Vergara, M.D.

A través de esta apasionante historia, usted conocerá la vida y obra del gran emperador de Roma, Marco Aurelio, relatada después de 2000 mil años, por el reconocido médico cardiólogo estadounidense, George Vergara.

George cuenta cómo un día, y de una forma que bien podría llamarse casual, se enteró que había sido Marco Aurelio en otra vida. Siguiendo las huellas del emperador, George viaja a Italia, y en un "deja vu" sorprendente, revive la vida y obra de quien fuera uno de los más grandes líderes del mundo. Misteriosamente, y de forma concatenada, una serie de extraños sucesos le dan indicios de que es el alma encarnada del emperador.

El doctor Vergara comprende que Dios, en su infinita misericordia, le ha permitido correr el velo y conocer parte de su recorrido como alma, para construir una vida de amor y servicio a la humanidad.

CON DIOS TODO SE PUEDE 2
Autor: Jim Rosemergy

En **Con Dios todo se puede 2**, aquellos que deseen encontrar a Dios de una manera m s personal, hallar n los pasos para establecer una relaci n m s duradera y satisfactoria.

Mediante la oraci n, y una nueva comprension del prop sito de la oraci n, la humanidad entr al nuevo milenio disfrutando de una relaci n m s cercana con Dios. Lo com n es que la gente acuda a la oraci n en momentos de angustia, necesidad o carencia, pero la verdadera raz n para orar es encontrar a Dios y no s lo para satisfacer deseos mundanos.

Conocer la Presencia les dar el sustento espiritual necesario a quienes se encuentran en su senda.

CLAVES PARA ATRAER SU ALMA GEMELA
Autor: Russ Michael

En esta obra, Russ Michael nos presenta nuevos conceptos e ideas para atraer a su alma gemela, partiendo de la perspectiva de un universo vibratorio: todo vibra sin excepci n en este mundo.

Su autor revela c mo todos estamos inmersos y rodeados de un vasto campo vibratorio universal, y c mo cualquiera que lo desee puede utilizar las t cnicas recomendadas en este libro para conseguir su alma gemela, que es su hom logo desde el punto de vista vibratorio, ya que encaja perfectamente con su pareja espiritual, por ser la imagen y un reflejo exacto de ella.

Explica c mo cada uno de nosotros, sin excepci n, hace resonar un tono muy personal y nico, o nota vibratoria . `Naturalmente, su alma gemela tambi n dispone de una nota propia y nica!

FENG SHUI AL ALCANCE DE TODOS

Autora: Clara Emilia Ruiz C.

El Fen Shui es una t cnica que plantea una serie de principios b sicos con el objeto de armonizar el ser a trav s de cambios en el ambiente que lo rodea. Con el uso de un mapa de gu a llamado Bagua, se toma como eje la entrada a cualquier espacio donde se determinan nuevas reas de trabajo que tienen directa relaci n con nuestra vida.

A trav s del Fen Shui se determinan las reas de un terreno adecuadas para seleccionar un lote y la correcta ubicaci n de la casa u edificio dentro del lote. Igualmente, en el interior de la casa, las formas, proporciones e interrelaci n entre espacios m s convenientes para el correcto fluir del ser humano en la vida, atrayendo as bienestar, salud y prosperidad.

UN VIAJE AL PLANETA DE CRISTAL

Autor: Cristov o

Es un bello cuento con hermosas ilustraciones para ser coloreadas por los ni os.

Narra la historia de siete ni os, quienes gracias al poder de su imaginaci n creativa se trasladan al Planeta de Cristal guiados por Cristalvihno, un amoroso personaje oriundo de ese planeta, quien en un excitante y maravilloso viaje les explica el valor terap utico de los cristales y c mo utilizarlos sabiamente seg n su color.

Historia original de Cristov o Brilho, reconocido sanador brasilero y autor del libro El poder sanador de los cristales.

Para información adicional y pedidos de cualquiera de los libros editados por Prosperar:

Lo que la mente concibe el hombre puede realizar

Calle 39 No. 28-20
Tels: (57-1) 368 4938 - 368 4932 - 368 1861
9800-911654
Bogotá, D.C., Colombia

www.prosperar.com